电网系统专业实用计算

朱英杰　张志艳　编著

北京航空航天大学出版社

内 容 简 介

本书系统地介绍了电网系统专业常用的计算公式及计算方法,对于典型计算中容易出错的附有算例。主要内容包括:系统专业概述、潮流计算、短路电流实用计算、调相调压计算、中性点接地方式、无功补偿、暂态稳定计算、电能质量;网架相关计算和电网规划。书中给出了设计中常用的计算方法、计算公式、数据资料,可供查阅和参考。

本书可作为电网系统设计人员的专业技术工具书,也可供从事电网系统规划、计划、调度、运行等工作的专业人员及大专院校相关专业师生参考。

图书在版编目(CIP)数据

电网系统专业实用计算 / 朱英杰,张志艳编著. --
北京 :北京航空航天大学出版社,2021.5
ISBN 978 - 7 - 5124 - 3522 - 3

Ⅰ.①电… Ⅱ.①朱… ②张… Ⅲ.①电网—电力系统计算 Ⅳ.①TM744

中国版本图书馆 CIP 数据核字(2021)第 097270 号

电网系统专业实用计算

朱英杰 张志艳 编著

策划编辑 周世婷 责任编辑 金友泉

*

北京航空航天大学出版社出版发行

北京市海淀区学院路 37 号(邮编 100191) http://www.buaapress.com.cn
发行部电话:(010)82317024 传真:(010)82328026
读者信箱:goodtextbook@126.com 邮购电话:(010)82316936
北京九州迅驰传媒文化有限公司印装 各地书店经销

*

开本:787 mm×1 092 mm 1/16 印张:12 字数:307 千字
2021 年 6 月第 1 版 2021 年 6 月第 1 次印刷 印数:1 000 册
ISBN 978 - 7 - 5124 - 3522 - 3 定价:39.00 元

前　言

　　系统专业是电力系统的一个重要专业，近年来我国 330～500 kV 超高压电力系统已陆续建立成网，取代了原 220 kV 电网在系统中的地位，电力系统发展进入了一个新时期。在工程实际中，以往只有区域大院、省级电力设计院才设有系统专业，随着电力系统的发展，越来越多的工程需要加入系统专业。在此背景下，一些供电公司设计院、民营设计院开始设立系统专业。系统专业内容广泛而烦琐，技术水平要求较高，这些设计院缺乏经验积累，没有成熟的技术人员传帮带，在进行系统设计时走了不少弯路。为此，编者在总结多年系统设计工作的基础上，遵循我国有关规程、规定、导则，编撰了这本《电网系统专业实用计算》手册。

　　本书在编撰过程中，一方面，认真贯彻执行国家现行的方针政策，力求符合法规、规程、规定、导则，使本书成为规程、规定、导则的具体体现，并起到补充、解释和示范的作用；另一方面，结合工程实际，把编者的工作经验融汇到书中进行计算解析，尽量做到技术理论与实际应用相结合，并与规程、规定、导则相一致，力求既有理论基础又有经验总结，更具实用性。书中所提供的资料、数据、公式等力求准确可靠，使用方便，能够起到提高设计质量、加快设计进度的作用。

　　我们期望这样一本专业技术工具书，能够为从事系统设计的读者提供一定的专业基本技术知识和实用数据资料，对新参加工作的系统设计人员起到指导、提示、引据、参考和咨询的作用，同时也可为从事电力系统规划、计划、调度、运行等工作的专业人员及大专院校相关专业师生提供参考。

　　本书由南京电力设计研究院有限公司朱英杰、郑州轻工业大学张志艳编写。由于专业水平所限，编撰时间较长，再加上电力系统技术发展迅速，因此，恳请读者将使用中发现的问题和错误及时提出，以便再版时修正，谢谢。

编　者

2020 年 12 月

目　　录

第一章　系统专业概述

第一节　系统专业的任务、内容及业务范围

一、电力系统设计及其作用

电力系统的设计是电力工程前期工作的重要组成部分,它是关于单项本体工程设计的总体规划,是具体建设项目实施的方针和原则,是一项具有战略意义的工作。系统设计工作应在国家产业和能源政策指导下,在长期电力规划基础上,从电力系统整体出发进一步研究并提出电力系统具体的发展方案及电源和电网建设的主要技术原则。

系统设计的合理性不仅关系到电力工业的能源利用和投资使用的经济和社会效益,同时也将对国民经济其他行业的发展产生巨大影响。正确、合理的电力系统规划设计实施后可以最大限度地节约国家基建投资和客户投资,促进国民经济其他行业的健康发展,提高其他行业的经济和社会效益,因而其重要性不可低估。

二、系统设计的任务和内容

系统设计的任务是通过对未来 5～15 年电力系统发展规模的研究,合理设计电源、网络建设、客户接入方案,统一协调发、输、变电工程的配套建设项目,确定设计年度内系统发展的具体实施方案。根据电力系统设计工作视研究的地域范围和解决技术问题的侧重点不同,可以分为以下四类。

1. 电力系统规划

电力系统规划包括能源、负荷预测、电源和电网规划。电网规划又称输电系统规划,以负荷预测和电源规划为基础,主要包括以下两种。

(1) 大区电力系统设计

大区电力系统设计的任务是以系统内大电源的接入和主网络方案为研究对象,主要解决系统内主力电厂的合理布局和主网架的结构问题,相应于推荐方案的无功补偿容量及其配置,某些系统运行技术条件的校核,可能采取的技术措施及实施方案(如系统调峰、调频、调相调压及系统稳定、短路电流、过电压等问题)。

(2) 省或地区电力系统设计

省或地区电力系统设计的任务是在大区系统主力电源接入系统方案和主网架方案已经确定的条件下,研究省及地区电源接入系统方式及二次电压等级的网络方案,在系统潮流、调相调压及短路电流计算的基础上,提出省及地区的系统接线方案及相应需要建设的输变电项目(包括无功补偿配置)。

2．发输变电项目前期

（1）电源接入系统设计

电源包括传统火电、光伏发电、风电、水电、抽蓄、微网等。电源接入系统设计的任务是根据负荷分布和电厂合理供电范围,研究电厂最佳接入系统方式(包括电压等级及出线回路数)、电厂送出工程相关网络方案、建设规模及无功补偿配置,并提出系统运行对设计电厂的技术要求(如稳定措施、调峰、调频、调压设备的规范及发电机的进相和调相能力等)。

（2）大用户接入系统设计

大用户接入系统设计的任务是根据用户负荷性质、周边电网现状及远景规划,研究大用户最佳接入系统方式(包括电压等级及进线回路数)、建设规模及无功补偿配置,潮流及短路电流计算、技术经济比较、明确一次接入系统方案及相应的投资估算;在一次接入系统方案的基础上研究二次接入系统方案,包括系统继电保护、调度自动化设置、安全自动装置的配置、计量点的设置、系统通信及相应的投资估算。

（3）电能质量评估

针对新增或扩容的电力用户,在它们接入系统前,提出一个合理的、科学的电能质量评估方案;针对用户所产生的干扰,在做出正确评估的同时,还要采取相应的治理措施,以保证电力系统安全、稳定运行。

3．本体工程设计的系统专业配合

本体工程设计的系统专业配合任务是把接入系统设计中确定的技术原则落实到具体工程设计中去,包括设计规模、分期建设方案、电气主接线、无功补偿、调相调压、技术条件校核及可能采取的措施等。系统专业的配合资料是本体工程设计的依据和基础资料。

4．电力系统专题设计

系统专题设计是解决设计年限内系统中遇到的一些需要进行详细专门研究分析的技术问题,为规划及后续的系统设计、输变电项目可研提供技术支撑,其范围主要包括:

① 无功规划;

② 系统网架改接方案;

③ 系统负荷转移;

④ 系统高一级电压等级论证;

⑤ 电源开发方案优化论证;

⑥ 特殊负荷的供电方案;

⑦ 新技术设备的应用研究;

⑧ 片区供电能力分析。

三、系统设计的业务范围

系统设计的业务范围包括:

① 分析核算系统电力负荷和电量的水平、分布、组成及特性,必要时对负荷增长进行敏感性分析;

② 电力电量平衡,进一步论证系统的合理供电范围和相应的电源建设方案、联网方案及系统采取的调峰措施;

③ 提出相应的主系统网架方案,优化网络建设方案,包括电压等级、网络结构及过渡方案;

④ 在无功平衡和电气计算的基础上,提出保证电压质量和系统安全稳定性的技术措施,包括无功补偿设备、调压装置及其他特殊措施;

⑤ 安排发输变电工程及无功补偿项目的投产时间,提出主要设备数量及技术规范,估算总投资及发、供电成本;

⑥ 提出远景年份所需发电工程可行性研究,现有网络改造项目及其他需进一步研究的问题。

第二节 系统专业规程、规范

系统设计除必须执行《中华人民共和国电力法》《中华人民共和国节约能源法》《中华人民共和国环境保护法》《电力安全事故应急处置和调查处理条例》等国家法律法规外,还需遵守相关技术标准,包括导则、规程、规定、规范、手册等。导则一般由国家行政管理职能部门(如原水利电力部、能源部,国家市场监督管理总局等)发布,具有一定的法律效力,系统设计工作必须遵守技术导则;规程、规定是电网规划设计中需要执行的标准,而规范具有示范性,系统设计时参考执行。

一、电力系统规划及稳定计算类法规

文件代号	文件名称
GB 50052—2009	《供配电系统设计规范》
GB/Z 24847—2009	《1 000 kV 交流系统电压和无功电力技术导则》
GB 50613—2010	《城市配电网规划设计规范》
GB/T 26399—2011	《电力系统安全稳定控制技术导则》
GB/T 50703—2011	《电力系统安全自动装置设计规范》
GB 50293—2014	《城市电力规划规范》
GB/T 31464—2015	《电网运行准则》
GB/T 31460—2015	《高压直流换流站无功补偿与配置技术导则》
GB 38755—2019	《电力系统安全稳定导则》
GB/T 38969—2020	《电力系统技术导则》
SD 131—1984	《电力系统技术导则(试行)》
DL/T 723—2000	《电力系统安全稳定控制技术导则》
DL/T 5147—2001	《电力系统安全自动装置设计技术规定》
DL/T 5002—2005	《地区电网调度自动化设计技术规程》
DL/T 5003—2005	《电力系统调度自动化设计技术规程》
DL/T 5429—2009	《电力系统设计技术规程》
DL/T 5242—2010	《35～220 kV 变电站无功补偿装置设计技术规定》
DL/T 1234—2013	《电力系统安全稳定计算技术规范》
DL/T 5729—2016	《配电网规划设计技术导则》

DGJ32/TJ11—2016　　　《居住区供配电设施建设标准》
DL/T 1773—2017　　　　《电力系统电压和无功电力技术导则》
DL/T 5554—2019　　　　《电力系统无功补偿及调压设计技术导则》
Q/GDW 156—2006　　　　《城市电力网规划设计导则》
Q/GDW 370—2009　　　　《城市配电网技术导则》
Q/GDW 421—2010　　　　《电网安全稳定自动装置技术规范》
Q/GDW 462—2010　　　　《农网建设与改造技术导则》
Q/GDW 1738—2012　　　《配电网规划设计技术导则》
Q/GDW1146—2014　　　《高压直流换流站无功补偿与配置技术导则》
Q/GDW 1212—2015　　　《电力系统无功补偿配置技术导则》
Q/DW 1404—2015　　　　《国家电网安全稳定计算技术规范》
Q/GDW 11542—2016　　　《配电网规划计算分析功能规范》
Q/GDW 10666—2016　　　《配电网技术导则》

二、设备选择类

文件代号　　　　　　　　　文件名称
GB/T 15145—2001　　　《微机线路保护装置通用技术条件》
GB/T 14285—2006　　　《继电保护和自动装置技术规程》
GB/T 17468—2008　　　《电力变压器选用导则》
GB 50062—2008　　　　《电力装置的继电保护和自动装置设计规范》
GB/T 50065—2011　　　《交流电气装置的接地》
GB/T 50059—2011　　　《35～110 kV 变电站设计规范》
GB/T 50697—2011　　　《1 000 kV 变电站设计规范》
GB 50227—2017　　　　《并联电容器设计规范》
GB 50217—2018　　　　《电力工程电缆设计标准》
DL/T 5092—1999　　　　《110～500 kV 架空线路设计技术规程》
DL/T 780—2001　　　　《配电系统的中性点接地电阻器》
DL/T 5222—2005　　　　《导体与电器选择设计技术规定》
DL/T 1057—2007　　　　《自动跟踪补偿消弧装置技术条件》
DL/T 5014—2010　　　　《330～750 kV 变电站无功补偿装置设计技术规定》
DL/T 5218—2012　　　　《220～750 kV 变电站设计技术规程》
DL/T 5044—2014　　　　《电力工程直流系统设计技术规程》
DL/T 1389—2014　　　　《500 kV 变压器中性点接地电抗器选用导则》
DL/T 866—2016　　　　《电流互感器和电压互感器选择及计算导则》

三、电能质量类

文件代号　　　　　　　　　文件名称
GB/T 14549—1993　　　《电能质量　公用电网谐波》
GB/T 12325—2008　　　《电能质量　供电电压偏差》

GB/T 12326—2008　　　《电能质量　电压波动和闪变》

GB/T 15543—2008　　　《电能质量　三相电压不平衡》

GB/T 15945—2008　　　《电能质量　电力系统频率偏差》

GB/T 30137—2013　　　《电能质量　电压暂降与短时中断》

GB/T 20320—2013　　　《风力发电机组电能质量测量和评估方法》

Q/GDW 1818—2013　　　《电压暂降与短时中断评价方法》

Q/GDW 10651—2015　　《电能质量评估技术导则》

四、接入系统类

文件代号　　　　　　　文件名称

GB/T 19939—2005　　　《光伏系统并网技术要求》

GB/T 19963—2011　　　《风电场接入电力系统技术规定》

GB/Z 19964—2012　　　《光伏发电站接入电力系统技术规定》

GB/T 29319—2012　　　《光伏发电系统接入配电网技术规定》

GB/T 50865—2013　　　《光伏发电接入配电网设计规范》

GB/Z 29328—2018　　　《重要电力用户供电电源及自备应急电源配置技术规范》

NB/T 31003—2011　　　《大型风电场并网设计技术规范》

NB/T 32015—2013　　　《分布式电源接入配电网技术规定》

Q/ GDW 392—2009　　　《风电场接入系统技术规定》

Q/GDW 480—2010　　　《分布式电源接入电网技术规定》

Q/GDW 11147—2013　　《分布式电源接入配电网设计规范》

Q/GDW 1617—2015　　　《光伏电站接入电网技术规定》

Q/GDW 1392—2015　　　《风电场接入电网技术规定》

Q /GDW 11623—2017　　《电气化铁路牵引站接入电网导则》

五、设计深度要求

文件代号　　　　　　　文件名称

SDGJ 60—1988　　　　《电力系统设计内容深度规定》

DL/GJ 25—1994　　　　《变电所初步设计内容深度规定》

DL/T 5393—2007　　　《高压直流换流站接入系统设计内容深度规定》

DL/T 5374—2008　　　《火力发电厂初步可行性研究报告内容深度规定》

DL/T 5375—2008　　　《火力发电厂可行性研究报告内容深度规定》

DL/T 5439—2009　　　《大型水、火电厂接入系统设计内容深度规定》

DL/T 5427—2009　　　《火力发电厂初步设计文件内容深度规定》

DL/T 5444—2010　　　《电力系统设计内容深度规定》

DL/T 5448—2012　　　《输变电工程可行性研究内容深度规定》

DL/T 5452—2012　　　《变电站初步设计内容深度规定》

Q/GDW 268—2009　　　《国家电网公司电网规划设计内容深度规定》

Q/GDW 269—2009　　　《330 kV 及以上输变电工程可行性研究内容深度规定》

Q/GDW 270—2009　　　　《220 kV 及 110(66) kV 输变电工程可行性研究内容深度规定》

Q/GDW 272—2009　　　　《大型电厂接入系统设计内容深度规定》

Q/GDW 270—2009　　　　《220 kV 及 110(66) kV 输变电工程可行性研究内容深度规定》

Q/GDW 1865—2012　　　《国家电网公司配电网规划内容深度规定》

Q/GDW 1868—2012　　　《风电场接入系统设计内容深度规定》

Q/GDW 1271—2014　　　《大型电源项目输电系统规划设计内容深度规定》

Q/GDW 10269—2017　　　《330 kV 及以上输变电项目可行性研究内容深度规定》

六、其　他

文件代号　　　　　　　　　　　文件名称

GB/T 13462—2008　　　《电力变压器经济运行》

DL/T 686—1999　　　　《电力网电能损耗计算导则》

DL/T 5438—2009　　　　《输变电工程经济评价导则》

DL/T 837—2012　　　　《输变电设施可靠性评价规程》

七、设计手册

各种设计手册是：

①《电力系统设计手册》，电力工业部电力规划设计总院编，中国电力出版社，2014 年 8 月.

②《电力工程电气设计手册(电气一次部分)》，水利电力部西北电力设计院编，中国电力出版社，2017 年 5 月.

③《电力工程电气设计手册(电气二次部分)》，能源部西北电力设计院编，中国电力出版社，2017 年 3 月.

④《电力系统规划设计技术》，谭永才著，中国电力出版社，2012 年 5 月.

⑤《电网规划设计手册》，国网北京经济技术研究院编，中国电力出版社，2015 年 12 月.

第二章　潮流计算

第一节　潮流计算概述

一、潮流计算的目的和内容

潮流计算是电力网络设计及运行中最基本的计算,是电力系统其他分析计算的基础。根据给定的电网结构、电气参数和发电机、负荷等元件的运行条件,用以研究系统运行和规划中提出的稳态问题,确定电力系统各部分稳态运行状态参数。通常给定的运行条件有系统中各电源和负荷点的功率、电源电压、平衡点的电压和相位角等。待求的运行状态参量包括电网各母线的电压幅值和相角,网络的功率损耗以及各支路的功率分布等。

通过对电力网络的各种设计方案及各种运行方式进行潮流计算,可以得到电网各节点的电压,并求得网络的潮流及网络中各元件的电力损耗;可以分析负荷变化、网络结构改变等各种情况是否危及系统的安全;系统中所有母线的电压是否在允许的范围以内,系统中各种元件(线路、变压器等)是否出现过负荷,以及在出现过负荷时应事先采取哪些预防措施等;对规划中的电力系统,通过潮流计算可以检验所提出的电力系统规划方案(如新建变电站、线路改造、电磁环网解环等)电压水平高低、功率分布和电力损耗的合理性及经济性等能否满足安全稳定运行的基本要求,从而对该网络的设计作出评价。

二、潮流计算的基础条件

在潮流计算前应首先确定计算的基础条件,包括运行方式说明、电力系统网络简化和等值。

1. 运行方式说明

电力系统运行方式包括高峰负荷和低谷负荷两种,在具有水力发电厂的电力系统中根据水电厂水文特点又有丰水期、平水期、枯水期的运行方式,此外,也有需要研究事故运行方式和各种特殊运行方式。

运行方式的说明包括计算水平年、电网接线方式、开机方式、负荷水平、同杆并架线路等几方面。对潮流计算的分析主要根据计算的目的而定,针对系统运行中可能出现的各种情况,应从下列三种运行方式中分别选择可能出现的对系统安全稳定不利的情况进行计算分析。

(1) 正常方式

正常方式包括按照负荷曲线以及季节变化出现的水电大发、火电大发、最大或最小负荷、最小开机和抽水蓄能运行工况等出现的运行方式,以及计划检修方式。

(2) 事故后方式

电力系统事故消除后,在恢复到正常运行方式前所出现的短期稳态运行方式。

(3) 特殊方式

特殊方式包括节假日运行方式,主干线路、变压器或其他系统重要元件、设备计划外检修,电网主要安全稳定控制装置退出,以及其他对系统安全稳定运行影响较为严重的方式。

2. 电力系统网络简化和等值

根据计算分析的目的和要求,必要时须对电力系统网络进行简化,对互联电网外部系统进行等值处理,主要原则如下:

① 简化前后各主要线路和输电断面的潮流、电压分布基本不变。

② 一般只需保留两级电压的网络接线。在 1 000 kV、750 kV 电网中应至少保留三级电压的网络接线,远期规划可适当简化;可根据需要保留 110 kV 网络;低压电磁环网线路原则上应保留。

③ 被简化的低压网络中的小电源,原则上可与本地负荷抵消,对系统特性影响较大的小电源可根据需要予以保留。

④ 对研究网络外部系统进行等值时,应保持等值前后联络线潮流和电压分布不变,所研究系统稳定特性和稳定水平基本保持不变。

三、计算的基本要求和分析要点

潮流计算随计算性质不同而有不同的要求,如长距离输电、区域性网络、城市配电网络等都有不尽相同的要求,但仍有其共同的基本要求。首先是不同类型的网络在各种运行方式下,网络各节点的电压水平均应符合有关规定;其次如网络中各线路的潮流分布不应有线路过载等。

在潮流计算中首先应校核网络枢纽点的电压水平及网络各节点的电压是否满足要求,其次校核各电厂发电机的有功功率及无功功率是否符合技术要求,另外还要根据计算的要求对各线路、变压器的潮流进行分析。

第二节　简单电力网络的潮流手算

简单输电系统一般包括开式网和环网。开式电力网是一种简单的电力网,可分成无变压器的同一电压的开式网与有变压器的多级电压开式网。每一种又包括有分支的开式网与无分支的开式网两种。开式网的负荷一般用集中负荷表示,并且在计算中总是作为已知量。

一、开式网计算

进行开式网的计算首先要给定一个节点的电压,称为已知电压。由于已知电压的节点不同,因此计算的步骤略有差别:若已知开式网的末端电压,则由末端逐段向首端推算;电力网计算中往往已知首端电压及各个集中负荷,此时仅能采用近似计算方法。

1. 已知末端电压和各负荷点的负荷量,求首端电压

① 设末端电压为参考电压,计算从末端开始的第Ⅰ段线路中末端电纳中的功率损耗,即

$$\Delta Q_{\mathrm{I}} = -\frac{B_{\mathrm{I}}}{2}U_a^2 \qquad\qquad (2-1)$$

式中：

ΔQ_I—第 I 段线路末端电纳中的功率损耗，MVar；

B_I—第 I 段线路电纳，S；

U_a—第 I 段线路末端电压，kV。

② 确定电源送往末端的负荷等于末端负荷与末端电纳中的功率损耗之和，即

$$S_a = S_{La} - j\Delta Q_I \qquad (2-2)$$

式中：

S_a—电源送往末端的负荷，MV·A；

S_{La}—第 I 段线路末端负荷，MV·A。

③ 求第 I 段线路阻抗中的电压降落及功率损耗，即

$$\Delta \dot{U}_I = \left(\frac{\dot{S}_a}{U_a}\right)(R_I + jX_I) = \frac{P_a - jQ_a}{U_a}(R_I + jX_I)$$

$$= \left(\frac{P_a R_I + Q_a X_I}{U_a}\right) + j\left(\frac{P_a X_I - Q_a R_I}{U_a}\right) = \Delta U_I + j\delta U_I \qquad (2-3)$$

式中：

R_I—第 I 段线路电阻，Ω；

X_I—第 I 段线路电纳，Ω；

P_a—第 I 段线路末端有功功率，MW；

Q_a—第 I 段线路末端无功功率，MVar；

ΔU_I—第 I 段线路电压降落纵分量，kV；

δU_I—第 I 段线路电压降落横分量，kV。

$$\Delta \dot{S}_I = \left(\frac{S_a}{U_a}\right)^2 (R_I + jX_I) = \frac{P_a^2 + Q_a^2}{U_a^2} R_I + j\frac{P_a^2 + Q_a^2}{U_a^2} X_I$$

$$= \Delta P_I + j\Delta Q_I \qquad (2-4)$$

式中：

$\Delta \dot{S}_I$—第 I 段线路视在功率损耗，MV·A。

④ 确定第 I 段线路的首端电压

$$\dot{U}_b = U_a + \Delta \dot{U}_I \qquad (2-5)$$

式中：

$\dot{U}_b$—第 I 段线路中首端电压，kV。

2. 已知首端电压和各负荷点的负荷量，求末端电压

① 假定各点电压等于额定电压。

② 计算各负荷点对地电纳中的功率损耗，即

$$\Delta Q_I = -\frac{B_I}{2} U_a^2 \qquad (2-6)$$

③ 将各负荷点对地电纳中的功率损耗与接在同一节点的负荷合并，即

$$\dot{S}_a' = \dot{S}_{La} - j\Delta Q_I = \dot{S}_{La} - j\frac{B_I}{2} U_N^2 \qquad (2-7)$$

④ 从第 Ⅰ 段线路开始,计算阻抗上的功率损耗以及由前一负荷点送出的功率,即

$$\Delta \dot{S}_{\text{I}} = \left(\frac{S'_{\text{a}}}{U_{\text{N}}}\right)^2 (R_{\text{I}} + j X_{\text{I}}) \tag{2-8}$$

$$\dot{S}_{\text{b}} = \dot{S}'_{\text{a}} + \dot{S}'_{\text{b}} + \Delta \dot{S}_{\text{I}}$$

⑤ 电源点的总负荷应是电源点送出的负荷与电源线路首端电纳中功率损耗之和。

⑥ 以电源点为参考电压,由电源线路开始逐段计算线路电压降落。

当电力网电压在 35 kV 及以下时,线路电纳可忽略不计,计算电压时也不考虑线路中功率损耗的影响。

二、计算实例

如图 2-1 所示,额定电压 110 kV 的双回输电线路,长 $l = 80$ km,变电站中装设两台 110/110 kV 的变压器,母线 A 的实际运行电压为 117 kV,母线 C 上的负荷 P_{LC} 为 20 MW,功率因数 0.8,相位滞后,母线 B 上的负荷 为 $30 + j12$ MV·A,当变压器运行在主抽头时,求母线 C 的电压。

线路参数:$r_1 = 0.21$ Ω/km, $x_1 = 0.416$ Ω/km, $b_1 = 2.74 \times 10^{-6}$ S/km

变压器参数(两台变压器参数一致):

$P_0 = 40.5$ MW, $P_k = 128$ MW, $U_k\% = 10.5$, $I_0\% = 3.5$, $S_N = 15$ MV·A

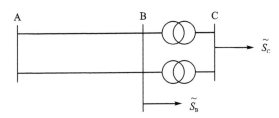

图 2-1　110 kV 网络图

解:本题属于已知末端功率和首端电压的类型。

1. 计算参数并建立等值电路

线路中参数:

$$R_{\text{L}} = \frac{1}{2} \times r_1 \times l = \frac{1}{2} \times 0.21 \text{ Ω/km} \times 80 \text{ km} = 8.4 \text{ Ω}$$

$$X_{\text{L}} = \frac{1}{2} \times x_1 \times l = \frac{1}{2} \times 0.416 \text{ Ω/km} \times 80 \text{ km} = 16.64 \text{ Ω}$$

$$\frac{1}{2} B_{\text{L}} = \frac{1}{2} \times 2 \times b_1 \times l = \frac{1}{2} \times 2 \times 2.74 \times 10^{-6} \text{ S/km} \times 80 \text{ km} = 2.192 \times 10^{-4} \text{ S}$$

变压器归算到 110 kV 侧的参数:

$$R_{\text{T}} = \frac{1}{2} \times \frac{P_k \times U_{\text{N}}^2}{1\,000 \times S_{\text{N}}^2} = \frac{1}{2} \times \frac{128 \text{ MW} \times (110 \text{ kV})^2}{1\,000 \times (15 \text{ MV·A})^2} = 3.44 \text{ Ω}$$

$$X_{\text{T}} = \frac{1}{2} \times \frac{U_k\% \times U_{\text{N}}^2}{100 \times S_{\text{N}}} = \frac{1}{2} \times \frac{10.5 \times (110 \text{ kV})^2}{100 \times 15 \text{ MV·A}} = 42.35 \text{ Ω}$$

$$G_\mathrm{T} = 2 \times \frac{P_0}{1\,000 \times U_\mathrm{N}^2} = 2 \times \frac{40.5\ \mathrm{MW}}{1\,000 \times (110\ \mathrm{kV})^2} = 6.694 \times 10^{-6}\ \mathrm{S}$$

$$B_\mathrm{T} = 2 \times \frac{I_0\% \times S_\mathrm{N}}{100 \times U_\mathrm{N}^2} = 2 \times \frac{3.5\ \mathrm{A} \times 15\ \mathrm{MV \cdot A}}{100 \times (110\ \mathrm{kV})^2} = 8.678 \times 10^{-5}\ \mathrm{S}$$

C 母线负荷，由功率因数 0.8 且相位滞后，得：

$$Q_\mathrm{C} = P_\mathrm{LC} \times \tan\varphi = 20\ \mathrm{MW} \times 0.75 = 15\ \mathrm{MVar}$$

$$\widetilde{S}_\mathrm{C} = (20 + \mathrm{j}15)\ \mathrm{MV \cdot A}$$

等值电路如图 2-2 所示。

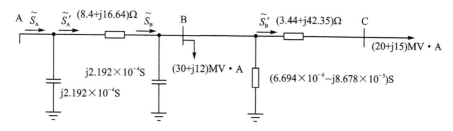

图 2-2　等值电路图

2. 方法一（近似算法）

① 第一步：假设全网为额定电压，由末端向首端进行功率分布（前推求功率）。变压器阻抗中的功率损耗：

$$\Delta \widetilde{S}_\mathrm{ZT} = \frac{P_\mathrm{LC}^2 + Q_\mathrm{C}^2}{U_\mathrm{C}^2}(R_\mathrm{T} + \mathrm{j}X_\mathrm{T})$$

$$= \frac{(20\ \mathrm{MW})^2 + (15\ \mathrm{MVar})^2}{110\ \mathrm{kV}^2}(3.44 + \mathrm{j}42.35)\ \Omega = 0.178 + \mathrm{j}2.188\ \mathrm{MV \cdot A}$$

变压器阻抗支路首端的功率损耗：

$$\widetilde{S}_\mathrm{B}' = \widetilde{S}_\mathrm{LC} + \Delta \widetilde{S}_\mathrm{ZT} = 20.178 + \mathrm{j}17.188\ \mathrm{MV \cdot A}$$

变压器导纳支路中的功率损耗：

$$\Delta \widetilde{S}_\mathrm{YT} = (G_\mathrm{T} + jB_\mathrm{T})U_\mathrm{C}^2$$

$$= (6.694 \times 10^{-6} + \mathrm{j}8.678 \times 10^{-5})\ \mathrm{S} \times (110\ \mathrm{kV})^2 = 0.081 + \mathrm{j}1.05\ \mathrm{MV \cdot A}$$

线路末端导纳支路中功率损耗：

$$\Delta \widetilde{S}_\mathrm{Y2} = -\frac{B_\mathrm{l}}{2}U_\mathrm{C}^2 = (-\mathrm{j}2.192 \times 10^{-4})\mathrm{S} \times (110\ \mathrm{kV})^2 = -\mathrm{j}2.65\ \mathrm{MVar}$$

线路阻抗末端的功率：

$$\widetilde{S}_\mathrm{B} = \widetilde{S}_\mathrm{B}' + \Delta \widetilde{S}_\mathrm{YT} + \widetilde{S}_\mathrm{LB} + \Delta \widetilde{S}_\mathrm{Y2} = 50.259 + \mathrm{j}27.588\ \mathrm{MV \cdot A}$$

线路阻抗中的功率损耗：

$$\Delta \widetilde{S}_\mathrm{ZL} = \frac{P_\mathrm{B}^2 + Q_\mathrm{B}^2}{U_\mathrm{B}^2}(R_\mathrm{L} + \mathrm{j}X_\mathrm{L})$$

$$= \frac{(50.259\ \mathrm{MW})^2 + (27.588\ \mathrm{MVar})^2}{(110\ \mathrm{kV})^2}(8.4 + \mathrm{j}16.64)\ \Omega = 2.282 + \mathrm{j}4.52\ \mathrm{MV \cdot A}$$

线路阻抗首端的功率：

$$\widetilde{S}'_A = \widetilde{S}_B + \Delta\widetilde{S}_{ZL} = 52.541 + j32.11 \text{ MV} \cdot \text{A}$$

线路首端导纳支路中功率损耗：

$$\Delta\widetilde{S}_{Y2} = -\frac{B_I}{2}U_C^2 = (-j2.192 \times 10^{-4}) \text{ S} \times (110 \text{ kV})^2 = -j2.65 \text{ MVar}$$

首端功率：

$$\widetilde{S}_A = \widetilde{S}'_A + \Delta\widetilde{S}_{Y2} = 52.541 + j29.458 \text{ MV} \cdot \text{A}$$

② 第二步：由已知首端电压 117 kV 和第一步中求得的首端功率向末端进行电压分布（回代求电压）。

线路阻抗中的电压降落：

$$\Delta U_L = \frac{P_A \times R_L + X_L \times Q_A}{U_A}$$

$$= \frac{52.541 \text{ MW} \times 8.4 \text{ } \Omega + 16.64 \text{ } \Omega \times 32.11 \text{ MVar}}{117 \text{ kV}} = 8.34 \text{ kV}$$

$$\delta U_L = \frac{P_A \times X_L - R_L \times Q_A}{U_A}$$

$$= \frac{52.541 \text{ MW} \times 16.64 \text{ } \Omega - 8.4 \text{ } \Omega \times 32.11 \text{ MVar}}{117 \text{ kV}} = 5.18 \text{ kV}$$

母线 B 的电压：

$$U_B = \sqrt{(U_A - \Delta U_L)^2 + \delta U_L^2}$$

$$= \sqrt{(117 \text{ kV} - 8.34 \text{ kV})^2 + (5.18 \text{ kV})^2} = 108.78 \text{ kV}$$

$$\delta_B = \arctan\frac{-\delta U_L}{U_A - \Delta U_L} = \arctan\frac{-5.18 \text{ kV}}{117 \text{ kV} - 8.34 \text{ kV}} = -2.73°$$

$$\dot{U}_B = 108.78\angle - 2.73° \text{ kV}$$

变压器中的电压降落：

$$\Delta U_T = \frac{P_B \times R_T + X_T \times Q_B}{U_B}$$

$$= \frac{20.178 \text{ MW} \times 3.44 \text{ } \Omega + 42.35 \text{ } \Omega \times 17.188 \text{ MVar}}{108.78 \text{ kV}} = 7.33 \text{ kV}$$

$$\delta U_T = \frac{P_B \times X_T - R_T \times Q_B}{U_B}$$

$$= \frac{20.178 \text{ MW} \times 42.35 \text{ } \Omega - 3.44 \text{ } \Omega \times 17.188 \text{ MVar}}{108.78 \text{ kV}} = 7.31 \text{ kV}$$

母线 C 归算到 110 kV 的电压：

$$U'_C = \sqrt{(U_B - \Delta U_T)^2 + \delta U_T^2}$$

$$= \sqrt{(108.78 \text{ kV} - 7.33 \text{ kV})^2 + (7.31 \text{ kV})^2} = 101.71 \text{ kV}$$

$$\delta'_C = \arctan\frac{-\delta U_T}{U_B - \Delta U_T} = \arctan\frac{-7.31 \text{ kV}}{108.78 \text{ kV} - 7.33 \text{ kV}} = -4.12°$$

$$\delta_C = -4.12° - 2.73° = -6.85°$$

母线 C 归算到 10 kV 的电压：

$$U_C = U_C' \times \frac{11}{110} = 101.71 \text{ kV} \times \frac{11 \text{ kV}}{110 \text{ kV}} = 10.171 \text{ kV}$$

母线 C 的实际电压为：

$$\dot{U}_C = 10.171 \angle -6.85° \text{ kV}$$

3. 方法二（迭代法）

第一步：假设母线 C 的初始电压为：

$$\dot{U}_C = 110 \angle 0° \text{ kV}$$

由末端向首端进行潮流分布计算。

变压器阻抗中的功率损耗：

$$\Delta \tilde{S}_{ZT} = \frac{P_C^2 + Q_C^2}{U_C^2}(R_T + jX_T)$$

$$= \frac{20 \text{ MW}^2 + 15 \text{ MVar}^2}{110 \text{ kV}^2}(3.44 + j42.35) \Omega = 0.18 + j2.19 \text{ MV} \cdot \text{A}$$

变压器阻抗支路首端的功率：

$$\tilde{S}_B' = \tilde{S}_{LC} + \Delta \tilde{S}_{ZT} = 20.178 + j17.188 \text{ MV} \cdot \text{A}$$

变压器的电压降落：

$$\Delta U_T = \frac{P_C \times R_T + X_T \times Q_C}{U_C}$$

$$= \frac{20 \text{ MW} \times 3.44 \ \Omega + 42.35 \ \Omega \times 15 \text{ MVar}}{110 \text{ kV}} = 6.4 \text{ kV}$$

$$\delta U_T = \frac{P_C \times X_T - R_T \times Q_C}{U_C}$$

$$= \frac{20 \text{ MW} \times 42.35 \ \Omega - 3.44 \ \Omega \times 15 \text{ MVar}}{110 \text{ kV}} = 7.23 \text{ kV}$$

母线 B 的电压：

$$U_B = \sqrt{(U_A + \Delta U_T)^2 + \delta U_T^2}$$

$$= \sqrt{(117 \text{ kV} + 6.4 \text{ kV})^2 + (7.23 \text{ kV})^2} = 116.62 \text{ kV}$$

$$\delta_B = \arctan \frac{\delta U_T}{U_A + \Delta U_T} = \arctan \frac{7.23 \text{ kV}}{117 \text{ kV} + 6.40 \text{ kV}} = 3.55°$$

$$\dot{U}_B = 116.62 \angle 3.55° \text{ kV}$$

变压器导纳支路中的功率损耗：

$$\Delta \tilde{S}_{YT} = (G_T + jB_T)U_B^2$$

$$= (6.694 \times 10^{-6} + j8.678 \times 10^{-5}) \text{ S} \times (116.62 \text{ kV})^2 = 0.09 + j1.18 \text{ MV} \cdot \text{A}$$

线路末端导纳支路中功率损耗：

$$\Delta \tilde{S}_{Y2} = -\frac{B_I}{2}U_B^2 = (-j2.192 \times 10^{-4}) \text{ S} \times (116.62 \text{ kV})^2 = -j2.98 \text{ MVar}$$

线路阻抗末端的功率：

$$\widetilde{S}_B = \widetilde{S}'_B + \Delta \widetilde{S}_{YT} + \widetilde{S}_{LB} + \Delta \widetilde{S}_{Y2} = 50.27 + j27.39 \ \text{MV} \cdot \text{A}$$

线路阻抗中的功率损耗：

$$\Delta \widetilde{S}_{ZL} = \frac{P_B^2 + Q_B^2}{U_B^2}(R_L + jX_L)$$

$$= \frac{(50.27 \ \text{MW})^2 + (27.39 \ \text{MVar})^2}{(116.62 \ \text{kV})^2}(8.4 + j16.64) \ \Omega = 2.02 + j4.01 \ \text{MV} \cdot \text{A}$$

线路阻抗首端的功率：

$$\widetilde{S}'_A = \widetilde{S}_B + \Delta \widetilde{S}_{ZL} = 52.29 + j31.40 \ \text{MV} \cdot \text{A}$$

线路阻抗中的电压降落：

$$\Delta U_L = \frac{P_B \times R_L + X_L \times Q_B}{U_B}$$

$$= \frac{50.27 \ \text{MW} \times 8.4 \ \Omega + 16.64 \ \Omega \times 27.39 \ \text{MVar}}{116.62 \ \text{kV}} = 7.53 \ \text{kV}$$

$$\delta U_L = \frac{P_B \times X_L - R_L \times Q_B}{U_B}$$

$$= \frac{50.27 \ \text{MW} \times 16.64 \ \Omega - 8.4 \ \Omega \times 27.39 \ \text{MVar}}{116.62 \ \text{kV}} = 5.20 \ \text{kV}$$

母线 A 的电压：

$$U_A = \sqrt{(U_B + \Delta U_L)^2 + \delta U_L^2}$$

$$= \sqrt{(116.62 \ \text{kV} + 7.53 \ \text{kV})^2 + (5.20 \ \text{kV})^2} = 124.26 \ \text{kV}$$

$$\delta_A = \arctan \frac{\delta U_L}{U_B + \Delta U_L} = \arctan \frac{5.20 \ \text{kV}}{116.62 \ \text{kV} + 7.53 \ \text{kV}} = 2.40°$$

$$\dot{U}_A = 124.26 \angle (3.55° + 2.40°) \ \text{kV} = 124.26 \angle 5.95° \ \text{kV}$$

电压误差：

$$|U_A - 117| \ \text{kV} = (124.26 - 117) \ \text{kV} = 7.26 \ \text{kV} > 10^{-1} \ \text{kV}$$

第二步：由已知的首端电压 117 kV 和第一步求得的首端功率从首端向末端进行潮流分布。

线路阻抗中的电压降落：

$$\Delta U_L = \frac{P_A \times R_L + X_L \times Q_A}{U_A}$$

$$= \frac{52.29 \ \text{MW} \times 8.4 \ \Omega + 16.64 \ \Omega \times 31.40 \ \text{MVar}}{117 \ \text{kV}} = 8.22 \ \text{kV}$$

$$\delta U_L = \frac{P_A \times X_L - R_L \times Q_A}{U_A}$$

$$= \frac{52.29 \ \text{MW} \times 16.64 \ \Omega - 8.4 \ \Omega \times 31.4 \ \text{MVar}}{117 \ \text{kV}} = 5.18 \ \text{kV}$$

母线 B 的电压：

$$U_B = \sqrt{(U_A - \Delta U_L)^2 + \delta U_L^2}$$

$$= \sqrt{(117 \text{ kV} - 8.22 \text{ kV})^2 + (5.18 \text{ kV})^2} = 108.90 \text{ kV}$$

$$\delta_B = \arctan \frac{-\delta U_L}{U_A - \Delta U_L} = \arctan \frac{-5.18 \text{ kV}}{117 \text{ kV} - 8.22 \text{ kV}} = 2.73°$$

$$\dot{U}_B = 108.90 \angle -2.73° \text{ kV}$$

线路阻抗中的功率损耗：

$$\Delta \tilde{S}_{ZL} = \frac{P_A^2 + Q_A^2}{U_A^2}(R_L + jX_L)$$

$$= \frac{(50.29 \text{ MW})^2 + (31.40 \text{ MVar})^2}{(117 \text{ kV})^2}(8.4 + j16.64) \, \Omega = 2.28 + j4.52 \text{ MV} \cdot \text{A}$$

线路末端导纳支路中功率损耗：

$$\Delta \tilde{S}_{Y2} = -\frac{B_L}{2}U_B^2 = (-j2.192 \times 10^{-4}) \text{ S} \times (108.90 \text{ kV})^2 = -j2.60 \text{ MVar}$$

变压器导纳支路中的功率损耗：

$$\Delta \tilde{S}_{YT} = (G_T + jB_T)U_B^2$$

$$= (6.694 \times 10^{-6} + j8.678 \times 10^{-5}) \text{ S} \times (108.90 \text{ kV})^2 = 0.08 + j1.03 \text{ MV} \cdot \text{A}$$

变压器阻抗支路首端的功率：

$$\tilde{S}'_B = \tilde{S}'_A - \Delta \tilde{S}_{ZL} - \tilde{S}_{LB} - \Delta \tilde{S}_{Y2} - \Delta \tilde{S}_{YT} = 19.93 + j16.45 \text{ MV} \cdot \text{A}$$

变压器阻抗中的功率损耗：

$$\Delta \tilde{S}_{ZT} = \frac{P_B^2 + Q_B^2}{U_B^2}(R_T + jX_T)$$

$$= \frac{(19.93 \text{ MW})^2 + (16.45 \text{ MVar})^2}{(108.90 \text{ kV})^2}(3.44 + j42.35) \, \Omega = 0.19 + j2.38 \text{ MV} \cdot \text{A}$$

变压器的电压降落：

$$\Delta U_T = \frac{P_B \times R_T + X_T \times Q_B}{U_B}$$

$$= \frac{19.93 \text{ MW} \times 3.44 \, \Omega + 42.35 \, \Omega \times 16.45 \text{ MVar}}{108.90 \text{ kV}} = 7.03 \text{ kV}$$

$$\delta U_T = \frac{P_B \times X_T - R_T \times Q_B}{U_B}$$

$$= \frac{19.93 \text{ MW} \times 42.35 \, \Omega - 3.44 \, \Omega \times 16.45 \text{ MVar}}{108.90 \text{ kV}} = 7.23 \text{ kV}$$

母线 C 的电压：

$$U_C = \sqrt{(U_B - \Delta U_T)^2 + \delta U_T^2}$$

$$= \sqrt{(108.90 \text{ kV} - 7.03 \text{ kV})^2 + (7.23 \text{ kV})^2} = 102.13 \text{ kV}$$

$$\delta_C = \arctan \frac{-\delta U_T}{U_B - \Delta U_T} = \arctan \frac{-7.23 \text{ kV}}{108.90 \text{ kV} - 7.03 \text{ kV}} = -4.06°$$

$$\dot{U}'_C = 102.13 \angle (-2.73° - 4.06°) \text{kV} = 102.13 \angle -6.79° \text{ kV}$$

母线 C 的输出功率：

$$\widetilde{S}_C = \widetilde{S}'_B - \Delta \widetilde{S}_{ZT} = 19.74 + j14.07 \text{ MV} \cdot \text{A}$$

第三步:由已知末端功率和第二步中求得的母线 C 的电压,从末端到首端进行潮流分布。

变压器阻抗中的功率损耗:

$$\Delta \widetilde{S}_{ZT} = \frac{P_C^2 + Q_C^2}{U_C^2}(R_T + jX_T)$$

$$= \frac{(20 \text{ MW})^2 + (15 \text{ MVar})^2}{(102.13 \text{ kV})^2}(3.44 + j42.35) \, \Omega = 0.21 + j2.54 \text{ MV} \cdot \text{A}$$

变压器阻抗支路首端的功率损耗:

$$\widetilde{S}'_B = \widetilde{S}_{LC} + \Delta \widetilde{S}_{ZT} = 20.21 + j17.54 \text{ MV} \cdot \text{A}$$

变压器的电压降落:

$$\Delta U_T = \frac{P_C \times R_T + X_T \times Q_C}{U_C}$$

$$= \frac{20 \text{ MW} \times 3.44 \, \Omega + 42.35 \, \Omega \times 15 \text{ MVar}}{102.13 \text{ kV}} = 6.89 \text{ kV}$$

$$\delta U_T = \frac{P_C \times X_T - R_T \times Q_C}{U_C}$$

$$= \frac{20 \text{ MW} \times 42.35 \, \Omega - 3.44 \, \Omega \times 15 \text{ MVar}}{102.13 \text{ kV}} = 7.79 \text{ kV}$$

母线 B 的电压:

$$U_B = \sqrt{(U_C + \Delta U_T)^2 + \delta U_T^2}$$

$$= \sqrt{(102.13 \text{ kV} + 6.89 \text{ kV})^2 + 7.79 \text{ kV}^2} = 109.30 \text{ kV}$$

$$\delta_B = \arctan \frac{\delta U_T}{U_C + \Delta U_T} = \arctan \frac{7.79 \text{ kV}}{(102.13 \times 89) \text{ kV}} = 4.09°$$

$$\dot{U}_B = 109.30 \angle (-6.79° + 4.09°) \text{ kV} = 109.30 \angle -2.70° \text{ kV}$$

变压器导纳支路中的功率损耗:

$$\Delta \widetilde{S}_{YT} = (G_T + jB_T)U_B^2$$

$$= (6.694 \times 10^{-6} + j8.678 \times 10^{-5}) \text{ S} \times (109.30 \text{ kV})^2 = 0.08 + j1.04 \text{ MV} \cdot \text{A}$$

线路末端导纳支路中功率损耗:

$$\Delta \widetilde{S}_{Y2} = -\frac{B_L}{2}U_B^2 = (-j2.192 \times 10^{-4}) \text{ S} \times (109.30 \text{ kV})^2 = -j2.62 \text{ MVar}$$

线路阻抗末端的功率:

$$\widetilde{S}_B = \widetilde{S}'_B + \Delta \widetilde{S}_{YT} + \widetilde{S}_{LB} + \Delta \widetilde{S}_{Y2} = 50.29 + j27.96 \text{ MV} \cdot \text{A}$$

线路阻抗中的功率损耗:

$$\Delta \widetilde{S}_{ZL} = \frac{P_B^2 + Q_B^2}{U_B^2}(R_L + jX_L)$$

$$= \frac{(50.29 \text{ MW})^2 + (27.96 \text{ MVar})^2}{(109.30 \text{ kV})^2}(8.4 + j16.64) \, \Omega = 2.33 + j4.61 \text{ MV} \cdot \text{A}$$

线路阻抗首端的功率:

$$\widetilde{S}'_A = \widetilde{S}_B + \Delta \widetilde{S}_{ZL} = 52.62 + j32.57 \text{ MV} \cdot \text{A}$$

线路阻抗中的电压降落:

$$\Delta U_L = \frac{P_B \times R_L + X_L \times Q_B}{U_B}$$

$$= \frac{50.29 \text{ MW} \times 8.4 \text{ } \Omega + 16.64 \text{ } \Omega \times 27.96 \text{ MVar}}{109.30 \text{ kV}} = 8.12 \text{ kV}$$

$$\delta U_L = \frac{P_B \times X_L - R_L \times Q_B}{U_B}$$

$$= \frac{50.29 \text{ MW} \times 16.64 \text{ } \Omega - 8.4 \text{ } \Omega \times 27.96 \text{ MVar}}{109.30 \text{ kV}} = 5.51 \text{ kV}$$

母线 A 的电压:

$$U_A = \sqrt{(U_B + \Delta U_L)^2 + \delta U_L^2}$$

$$= \sqrt{(109.30 \text{ kV} + 8.12 \text{ kV})^2 + (5.51 \text{ kV})^2} = 117.55 \text{ kV}$$

$$\delta_A = \arctan \frac{\delta U_L}{U_B + \Delta U_L} = \arctan \frac{5.51 \text{ kV}}{(109.30 \times 12) \text{ kV}} = 2.69°$$

$$\dot{U}_A = 117.55(-2.7° + 2.69°) \text{ kV} = 117.55 \angle -0.01° \text{ kV}$$

电压误差:

$$|U_A - 117| = (117.51 - 117) \text{ kV} = 0.55 \text{ kV} > 10^{-1} \text{ kV}$$

第四步:由已知首端电压 117 kV 和第三步中求得的线路首端功率,从首端到末端进行潮流分布。

线路阻抗中的电压降落:

$$\Delta U_L = \frac{P_A \times R_L + X_L \times Q_A}{U_A}$$

$$= \frac{52.62 \text{ MW} \times 8.4 \text{ } \Omega + 16.64 \text{ } \Omega \times 32.57 \text{ MVar}}{117 \text{ kV}} = 8.41 \text{ kV}$$

$$\delta U_L = \frac{P_A \times X_L - R_L \times Q_A}{U_A}$$

$$= \frac{52.62 \text{ MW} \times 16.64 \text{ } \Omega - 8.4 \text{ } \Omega \times 32.57 \text{ MVar}}{117 \text{ kV}} = 5.15 \text{ kV}$$

母线 B 的电压:

$$U_B = \sqrt{(U_A - \Delta U_L)^2 + \delta U_L^2}$$

$$= \sqrt{(117 \text{ kV} - 8.41 \text{ kV})^2 + 5.15 \text{ kV}^2} = 108.71 \text{ kV}$$

$$\delta_B = \arctan \frac{-\delta U_L}{U_A - \Delta U_L} = \arctan \frac{-5.15 \text{ kV}}{117 \text{ kV} - 8.41 \text{ kV}} = 2.72°$$

$$\dot{U}_B = 108.71 \angle -2.72° \text{ kV}$$

线路阻抗中的功率损耗:

$$\Delta \widetilde{S}_{ZL} = \frac{P_A^2 + Q_A^2}{U_A^2}(R_L + jX_L)$$

$$= \frac{(52.62 \text{ MW})^2 + (32.57 \text{ MVar})^2}{(117 \text{ kV})^2}(8.4 + j16.64)\ \Omega = 2.35 + j4.66 \text{ MV} \cdot \text{A}$$

线路末端导纳支路中功率损耗：

$$\Delta \tilde{S}_{Y2} = -\frac{B_L}{2}U_B^2 = (-j2.192 \times 10^{-4})\ \text{S} \times (108.71 \text{ kV})^2 = -j2.59 \text{ MVar}$$

变压器导纳支路中的功率损耗：

$$\Delta \tilde{S}_{YT} = (G_T + jB_T)U_B^2$$

$$= (6.694 \times 10^{-6} + j8.678 \times 10^{-5})\ \text{S} \times (108.71 \text{ kV})^2 = 0.08 + j1.03 \text{ MV} \cdot \text{A}$$

变压器阻抗支路首端的功率：

$$\tilde{S}'_B = \tilde{S}'_A - \Delta \tilde{S}_{ZL} - \tilde{S}_{LB} - \Delta \tilde{S}_{Y2} - \Delta \tilde{S}_{YT} = 20.19 + j17.47 \text{ MV} \cdot \text{A}$$

变压器阻抗中的功率损耗：

$$\Delta \tilde{S}_{ZT} = \frac{P_B^2 + Q_B^2}{U_B^2}(R_T + jX_T)$$

$$= \frac{(20.19 \text{ MW})^2 + (17.47 \text{ MVar})^2}{(108.71 \text{ kV})^2}(3.44 + j42.35)\ \Omega = 0.21 + j2.55 \text{ MV} \cdot \text{A}$$

变压器的电压降落：

$$\Delta U_T = \frac{P_B \times R_T + X_T \times Q_B}{U_B}$$

$$= \frac{20.19 \text{ MW} \times 3.44\ \Omega + 42.35\ \Omega \times 17.47 \text{ MVar}}{108.71 \text{ kV}} = 7.44 \text{ kV}$$

$$\delta U_T = \frac{P_B \times X_T - R_T \times Q_B}{U_B}$$

$$= \frac{20.19 \text{ MW} \times 42.35\ \Omega - 3.44\ \Omega \times 17.47 \text{ MVar}}{108.71 \text{ kV}} = 7.31 \text{ kV}$$

母线 C 归算到 110 kV 的电压：

$$U'_C = \sqrt{(U_B - \Delta U_T)^2 + \delta U_T^2}$$

$$= \sqrt{(108.71 \text{ kV} - 7.44 \text{ kV})^2 + (7.31 \text{ kV})^2} = 101.53 \text{ kV}$$

$$\delta_B = \arctan \frac{-\delta U_T}{U_B - \Delta U_T} = \arctan \frac{-7.31 \text{ kV}}{(108.71 \times 44) \text{ kV}} = -4.3°$$

$$\dot{U}'_C = 101.53 \angle (-2.72° - 4.13°) \text{ kV} = 101.53 \angle -6.58° \text{ kV}$$

母线 C 的输出功率：

$$\tilde{S}_C = \tilde{S}_B - \Delta \tilde{S}_{ZT} = 19.98 + j14.92 \text{ MV} \cdot \text{A}$$

第五步：由求得的末端功率和第四步中求得的母线 C 的电压，由末端向首端进行潮流分布。

变压器阻抗中的功率损耗：

$$\Delta \tilde{S}_{ZT} = \frac{P_C^2 + Q_C^2}{U_C^2}(R_T + jX_T)$$

$$= \frac{(20 \text{ MW})^2 + (15 \text{ MVar})^2}{(101.53 \text{ kV})^2}(3.44 + j42.35)\ \Omega = 0.21 + j2.57 \text{ MV} \cdot \text{A}$$

变压器阻抗支路首端的功率损耗：

$$\tilde{S}'_B = \tilde{S}_{LC} + \Delta\tilde{S}_{ZT} = 20.21 + j17.57 \text{ MV} \cdot \text{A}$$

变压器的电压降落：

$$\Delta U_T = \frac{P_C \times R_T + X_T \times Q_C}{U_C}$$

$$= \frac{20 \text{ MW} \times 3.44 \ \Omega + 42.35 \ \Omega \times 15 \text{ MVar}}{101.53 \text{ kV}} = 6.93 \text{ kV}$$

$$\delta U_T = \frac{P_C \times X_T - R_T \times Q_C}{U_C}$$

$$= \frac{20 \text{ MW} \times 42.35 \ \Omega - 3.44 \ \Omega \times 15 \text{ MVar}}{101.53 \text{ kV}} = 7.83 \text{ kV}$$

母线 B 的电压：

$$U_B = \sqrt{(U_C + \Delta U_T)^2 + \delta U_T^2}$$

$$= \sqrt{(101.53 \text{ kV} + 6.93 \text{ kV})^2 + (7.83 \text{ kV})^2} = 108.74 \text{ kV}$$

$$\delta_B = \arctan\frac{\delta U_T}{U_C + \Delta U_T} = \arctan\frac{7.83 \text{ kV}}{101.53 \text{ kV} + 6.93 \text{ kV}} = 4.13°$$

$$\dot{U}_B = 108.74\angle(-6.85° + 4.13°) \text{ kV} = 108.74\angle -2.72° \text{ kV}$$

变压器导纳支路中的功率损耗：

$$\Delta\tilde{S}_{YT} = (G_T + jB_T)U_B^2$$

$$= (6.694 \times 10^{-6} + j8.678 \times 10^{-5}) \text{ S} \times (108.74 \text{ kV})^2 = 0.08 + j1.03 \text{ MV} \cdot \text{A}$$

线路末端导纳支路中功率损耗：

$$\Delta\tilde{S}_{Y2} = -\frac{B_L}{2}U_B^2 = (-j2.192 \times 10^{-4}) \text{ S} \times (108.74 \text{ kV})^2 = -j2.59 \text{ MVar}$$

线路阻抗末端的功率：

$$\tilde{S}_B = \tilde{S}'_B + \Delta\tilde{S}_{YT} + \tilde{S}_{LB} + \Delta\tilde{S}_{Y2} = 50.29 + j28.01 \text{ MV} \cdot \text{A}$$

线路阻抗中的功率损耗：

$$\Delta\tilde{S}_{ZL} = \frac{P_B^2 + Q_B^2}{U_B^2}(R_L + jX_L)$$

$$= \frac{(50.29 \text{ MW})^2 + (28.01 \text{ MVar})^2}{(108.74 \text{ kV})^2}(8.4 + j16.64) \ \Omega = 2.35 + j4.66 \text{ MV} \cdot \text{A}$$

线路阻抗首端的功率：

$$\tilde{S}'_A = \tilde{S}_B + \Delta\tilde{S}_{ZL} = 52.64 + j32.67 \text{ MV} \cdot \text{A}$$

线路阻抗中的电压降落：

$$\Delta U_L = \frac{P_B \times R_L + X_L \times Q_B}{U_B}$$

$$= \frac{50.29 \text{ MW} \times 8.4 \ \Omega + 16.64 \ \Omega \times 28.01 \text{ MVar}}{108.74 \text{ kV}} = 8.17 \text{ kV}$$

$$\delta U_L = \frac{P_B \times X_L - R_L \times Q_B}{U_B}$$

$$= \frac{50.29\ \text{MW} \times 16.64\ \Omega - 8.4\ \Omega \times 28.01\ \text{MVar}}{108.74\ \text{kV}} = 5.53\ \text{kV}$$

母线 A 的电压：

$$U_{\text{A}} = \sqrt{(U_{\text{B}} + \Delta U_{\text{L}})^2 + \delta U_{\text{L}}^2}$$

$$= \sqrt{(108.74\ \text{kV} + 8.17\ \text{kV})^2 + (5.53\ \text{kV})^2} = 117.04\ \text{kV}$$

$$\delta_{\text{A}} = \arctan \frac{\delta U_{\text{L}}}{U_{\text{B}} + \Delta U_{\text{L}}} = \arctan \frac{5.53\ \text{kV}}{108.74\ \text{kV} + 8.17\ \text{kV}} = 2.71°$$

$$\dot{U}_{\text{A}} = 117.04\angle(-2.72° + 2.71°)\ \text{kV} = 117.04\angle -0.01°\ \text{kV}$$

电压误差：

$|U_{\text{A}} - 117| = 117.04\ \text{kV} - 117\ \text{kV} = 0.04\ \text{kV} < 10^{-1}\ \text{kV}$，满足要求，迭代结束。

母线 C 归算到 110 kV 的电压：

$$U'_{\text{C}} = 101.53\angle -6.85°\ \text{kV}$$

母线 C 归算到 10 kV 的电压：

$$U_{\text{C}} = U'_{\text{C}} \times \frac{11\ \text{kV}}{110\ \text{kV}} = 101.53\ \text{kV} \times \frac{11\ \text{kV}}{110\ \text{kV}} = 10.153\ \text{kV}$$

母线 C 的实际电压：

$$\dot{U}_{\text{C}} = 10.153\angle -6.58°\ \text{kV}$$

第三节　复杂潮流计算

目前较复杂的大型网络的潮流计算普遍采用计算机。国内权威的潮流计算程序是由中国电力科学研究院开发的电力系统综合分析程序（PSASP）、PSD‑BPA。本书关于潮流计算、调相调压等相关解析计算均以 PSASP 7.2 为例说明。

电力系统分析综合程序（Power System Analysis Software Package）简称 PSASP，是一款历史悠久、功能强大、使用方便、使用范围广的电力系统仿真软件程序，是资源共享、高度集成、具有自行建模功能、高度集成和开放具有我国自主知识产权的大型软件包的软件包。PSASP 基于电网数据库、固定模型库及用户自定义建模的支持，可进行电力系统（发电、输电、供电、配电系统）的常规潮流、最优潮流、短路电流和暂态稳定等计算。在设计时通过预先分析的方式预测系统的开发方案，绘制地理接线图、单线图和厂站接线图等，并通过多种模拟方案研究电网设计是否可行，从而缩短设计真实电网系统时间，提高电网设计的工作效率。也可通过 MATLAB 软件或者 C 语言调用相应的模块，不再编写这些功能的代码，直接利用仿真结果做进一步分析。同时，该软件还具备数据网络拓扑效验功能，可以效验模块仿真中的相关数据，计算结果以 Excel 及 Txt 的文件形式输出。

PSASP 潮流计算模块具有强大的计算分析功能，可进行 PQ 分解法、最优因子法、PQ 分解转牛顿法、牛顿法（功率式、电流式）等计算选择，以保证计算结果收敛。PSASP 强大的图形绘制功能，可以在绘制好的单线图和地理接线图上显示潮流初始参数和计算结果，并且可以非常方便地修改潮流方式。可自动统计全网总发电量、总负荷等各种参数并可选择参数单位、精度以及变量类型报表输出。

一、潮流控制的主要技术原则

潮流控制的主要技术原则：

1. 满足标准

贯彻《电力系统设计技术规程》(DL/T 5429—2009)，满足《电力系统安全稳定导则》(GB 38755—2019)等设计技术导则的相应要求，兼顾中华人民共和国国务院第599号令《电力安全事故应急处置和调查处理条例》的具体要求，从网架结构优化的角度加强防范电力安全事故。

2. 节点电压控制

500 kV系统在正常运行方式下，最高运行电压不得超过系统额定电压的110%；最低运行电压不应影响电力系统同步稳定、电压稳定、工厂用电的正常使用及下一级电压的调节。

发电厂220 kV母线和500(330)kV变电站的中压侧母线在正常运行方式下，电压允许偏差为系统额定电压的0%～+10%，在事故运行方式下为系统额定电压的−5%～+10%。

35 kV～220 kV变电站母线电压允许偏差为系统额定电压的−10%～0%，10 kV母线电压允许偏差为系统额定电压的−7%～7%。

3. 热稳定电流控制

220 kV线路潮流热稳极限(月平均最高温度为40 ℃)：LGJ-400导线270 MV·A、LGJ-2×300导线430 MV·A、LGJ-2×400导线520 MV·A、LGJ-2×630导线720 MV·A。500 kV线路热稳控制原则(月平均最高温度为40 ℃)：LGJ-4×400导线2 500 MV·A、LGJ-4×630导线3 300 MV·A、LGJ-4×800导线4 000 MV·A，上述为江苏地区部分220 kV线路热稳限额，其他地区可参考。

4. 500 kV容量配置及过负荷控制原则

地区500 kV主变容量配置需求按照所需有功降压功率1.6倍考虑，结合潮流计算最终确定。在故障方式下，500 kV主变可短时间(一般户外2 h、户内1 h)过负荷1.3～1.5倍；正常运行方式下，执行省市电力调度中心规定的主变降压限额。

5. "N-1"安全校核原则

在最高负荷下任何单一元件(不含母线)故障时，电网均能够保证安全供电。在基础潮流方式下，逐个断开线路、变压器等单一元件，分析电力系统任一元件停运，其他元件负载率情况、各枢纽点电压水平以及电网的薄弱环节。

关于母线"N-1"安全校核原则：《电力系统设计技术规程》(DL/T 5429—2009)和《电力系统安全稳定导则》(GB 38755—2019)都有统一而明确的规定，认为母线故障应由第二道防线来解决，并允许切机和切负荷，因此，"N-1"安全校核原则不含母线。

6. 500 kV主变"N-1-1"安全校核原则

设定在不超过80%最高负荷下，若任何单一元件(不含母线)检修，通过人工的电网重构或优化发电机功率，保证检修期间另一元件故障(不含母线)，电网能够保持安全供电。

7. 500 kV变电站500 kV、220 kV母线"N-1-1"安全校核原则

设定在不超过80%最高负荷下，若500 kV变电站500 kV、220 kV母线任何一条母线检修，相邻的另一条母线故障，电网不发生中华人民共和国国务院第599号令《电力安全事故应

急处置和调查处理条例》规定的一般及以上电力安全事故。

8. 220 kV 电网片区划分原则

220 kV 电网片区划分应以不降低分区电网安全可靠水平为前提。220 kV 电网片区规划原则上以 2 座或以上 500 kV 变电站、3 台或以上 500 kV 主变作为主要供电电源,并尽可能包含接入地区 220 kV 电网的大容量发电厂,将 220 kV 电网规划为若干个相对独立的 220 kV 分区。过渡年份可考虑 1 座 500 kV 变电站独立分区,但主变台数需达到 3 台及以上,或 220 kV 分区内应有足够容量的发电电源。

9. "N-2"安全校核原则

对重要输电断面的同塔双回线路须进行"N-2"安全校核原则的安全分析。

10. "N-1-1"安全校核原则

"N-1-1"安全校核原则是介于"N-1"安全校核原则和"N-2"安全校核原则之间的规定,它描述了运行中经常面临的检修状态问题,指在非最高负荷下(80%),若任何单一元件(不含母线)检修,通过人工电网重构,保证检修期间另一元件故障(不含母线)时,电网保持安全供电。目前国内的规范对于这两种方式没有量化和标准化。

11. 220 kV 电网片区间备用联络线

分区运行后 220 kV 备用联络线是分区电网在正常或检修时发生严重多重事故时重要的安全保障。应按照分区电网的强弱不同,合理配置足够的分区 220 kV 备用联络线,大致分成以下三种情况:

① 分区内只有 2 台 500 kV 主变带 1 片 220 kV 电网独立运行的情况,此时备用联络线为重要备用联络线。

② 分区内只有 3 台 500 kV 主变带 1 片 220 kV 电网独立运行,此时备用联络线为一般备用联络线。

③ 分区内有两座 500 kV 变电站 3 台以上 500 kV 主变带 1 片 220 kV 电网独立运行,此时备用联络线为次要备用联络线。

此外,还按照 599 号令《电力安全事故应急处置和调查处理条例》的要求校核电网结构,避免在特殊运行方式下("N-1-1"和"N-2"故障)发生一般及以上等级电力安全事故,并适当提高特定区域(如省会城市)的设防标准。

除以上主要原则外,阅读潮流图时还需要注意各种运行方式下(正常工况、夏季高峰、冬季低谷)主网架潮流分布均匀(电源工程)、主变功率倒送(清洁能源接入系统工程)等问题。

二、潮流算例分析

潮流算例分析如下:

1. 某地区电网潮流计算

收集该地区电网元件的物理参数,建立如图 2-3 所示的某地区电力系统模型,包括 4 台发电机、7 回交流线路、6 个负荷,设定各母线电压范围为 0.95~1.15pu(电力系统分析和计算中常用的数值标记方法表示各物理系与参数的相对值也可认为其无量纲)。

运用 PSASP 软件进行常规潮流计算,潮流作业名定义为 1,方案名为无控制,数据组为

BASIC。根据此方案,采用功率平衡牛顿法进行潮流计算,得到的潮流计算结果如图 2-4 所示。

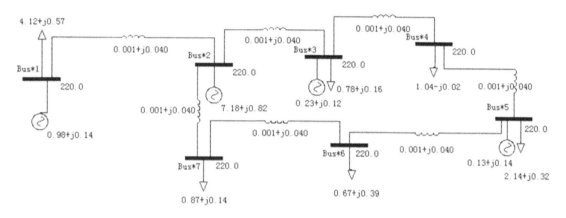

图 2-3　某地区电力系统图

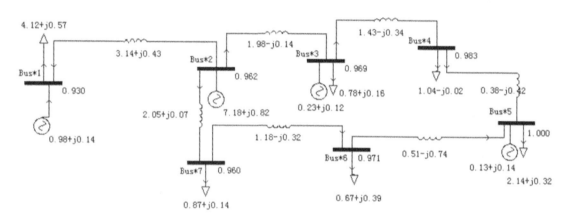

图 2-4　潮流计算结果图(电压越限)

如果潮流收敛到不合理的解(电压过高或过低),则需要进行潮流分析,潮流计算结果分析主要是对电压的调整。从图中可看到,该潮流结果中 Bus * 1 的母线电压为 0.93,电压过低,不在 0.95～1.15pu 范围内,不满足要求;因此需要对电压进行调整。

将有一定功率储备的发电厂(所在母线为 Bus * 2)设为 PV 节点,调整结果是所有母线电压均在允许变化范围内,调整后的潮流结果及电压如图 2-5 所示。

根据潮流计算结果可以看出,该网处于正常运行方式时,在目前负荷水平下,各处潮流分布都比较合理,发电功率与负荷需求达到供需平衡。各处母线电压在 0.95～1.15pu 范围内,满足要求。

2. 某区域电网规划年份潮流图

某区域电网规划年份潮流图如图 2-6 所示,图中 A 为 500 kV 变电站,主变容量为 2 台 750 MV·A 主变,该变电站 220 kV 降压限额为 1 350 MW,B1～B13 为 220 kV 变电站,图中各线路均为 LGJ-400 线路,试指出该潮流图存在的问题。

根据图 2-6 可知,500 kV 变电站 A 主变降压为(800.1+801.1) MW=1 601.2 MW,超过该变电站的降压限额;同时变电站 B7 至变电站 B13 线路输送容量为 472.2 MW,超过

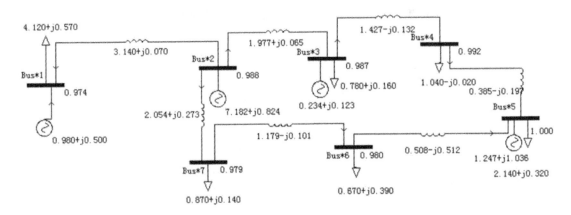

图 2 - 5   潮流计算结果图(电压正常)

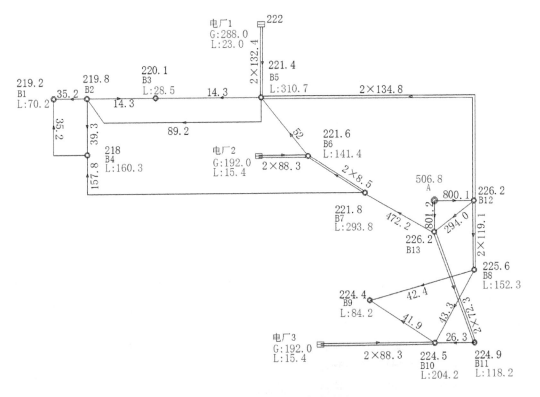

图 2 - 6   某区域电网规划年份潮流图

LGJ - 400 线路热稳极限 270 MV · A,不满足要求。

因此,建议该规划年份变电站 A 进行增容扩建,将 2×750 MV · A 主变增容至 2×1 000 MV · A,变电站 B7 至变电站 B13 线路增容为 2×LGJ - 400。

第三章　短路电流计算

第一节　短路电流一般概述

一、短路电流概述

1. 三相系统中短路的类型

三相短路、两相短路、两相短路接地和单相接地短路为三相系统的短路类型。除三相短路为对称外，其余均为不对称短路。

2. 在短路过程中，短路电流是变化的

短路电流变化情况取决于系统容量的大小、短路点距离电源的远近、系统内发电机是否有调压装置等因素。通常把电力系统分为无限容量系统和有限容量系统两大类。

3. 无限容量系统

无线容量是指容量为无限大的电力系统。在发生短路时，母线电压维持不变，短路电流的周期分量不衰减。当然，容量无限大的系统实际上是不存在的，在实际工作中，通常把电源部分阻抗不超过短路电路总阻抗的 $5\%\sim10\%$，或者以供电电源总容量为基准的短路阻抗标幺值 X_{*js} 大于 3 时，则认为该系统为无限容量系统。对不满足上述条件的系统皆按有限容量系统来处理。

4. 常用描述短路电流水平的量

① S''——超瞬变或次暂态短路容量；

② S_∞——稳态短路容量；

③ I''——超瞬变或次暂态短路电流有效值，即短路后第一周期短路电流周期分量有效值；

④ I_∞——稳态短路电流有效值；

⑤ I_{ch}——短路电流最大有效值，即短路后第一周期短路电流有效值；

⑥ i_{ch}——短路电流的冲击值，即短路电流最大瞬时值。

二、短路电流计算目的及假定条件

1. 计算目的

电力系统短路电流计算的主要目的如下：

① 选择导体和电气设备。

② 电网接线和发电厂、变电所电气主接线的比较与选择。

③ 选择继电保护装置和整定计算。

④ 验算接地装置的接触电压和跨步电压。

⑤ 为确定送电线路对附近通信线路电磁危险的影响提供计算资料。

2. 计算假定条件

短路电流实用计算中,采用以下假设条件和原则:

① 假定 220 kV 系统为无限大电源,不考虑短路电流周期分量的衰减。

② 应考虑相连电网中的发电机、同步调相机和同步电动机等附加电源。

③ 按照远景设计容量计算。

④ 按照正常运行方式计算。

⑤ 导体和电器的动热稳定以及电器的开断电流,一般按三相短路验算。

⑥ 高压短路电流计算一般只计及各元件(发电机、变压器、电抗器、线路等)的电抗,宜采用标幺值计算,仅在 $R > (1/3)X$ 时计入电阻,在超高压远距离输电时计入电容。

⑦ 短路过程中,所有发电机转速和电势相位相同。

⑧ 不考虑磁路饱和,变压器励磁电流略去不计。

⑨ 正常工作时三相系统对称运行。

⑩ 所有电源的电动势相位角相同。

⑪ 系统中的同步电动机和异步电动机均为理想电动机,不考虑电动机磁饱和、磁滞、涡流及导体的集肤效应等影响;转子结构完全对称;定子绕组三相结构完全相同,空间角为 120°。

⑫ 电力系统中各元件的磁路不饱和。

⑬ 电力系统中所有电源都在额定负荷下运行,其中 50 % 负荷接在高压母线上。

⑭ 同步电动机都具有自动调整励磁装置(包括强行励磁)。

⑮ 短路发生在短路电流最大值的瞬间。

⑯ 不考虑短路点的电弧阻抗和变压器的励磁电流。

⑰ 元件的参数均取其额定值,不考虑参数的误差和调整范围。

⑱ 输电线路的电容略去不计。

⑲ 用概率统计法制定短路电流的运算曲线。

三、短路电流计算的一般规定及计算步骤

1. 一般规定

① 验算导体和电器动稳定、热稳定以及电器开断电流所用的短路电流,应按本工程设计容量计算,并考虑工程建成后 5～10 年后电力系统的远景发展规划。

确定短路电流时,应按可能发生最大短路电流的正常接线方式,而不应按仅在切换过程中可能并列运行的接线方式。

② 在电气连接的网络中,选择导体和电器用的短路电流,应考虑具有反馈作用的异步电动机的影响和电容补偿装置放电电流的影响。

③ 选择导体和电器时,对不带电抗器回路的计算短路点,应选择在正常接线方式时短路电流为最大的地点。

对带电抗器的 6～10 kV 出线与工厂用分支回路,除母线与母线隔离开关之间隔离板前的引线和套管的计算短路点应选择在电抗器前外,其余导体和电器的计算短路点一般选在电抗器后。

④ 导体和电器的动稳定、热稳定以及电器的开断电流，一般按三相短路验算。发电机出口两相短路，或中性点直接接地系统及自耦变压器等回路中的单相、两相接地短路较三相短路严重时，则应按严重情况计算。

2. 计算步骤

目前电力设计部门对复杂电力系统及发电厂、变电所短路电流的计算都在计算机上进行。作为单体的发电厂、供电公司、工矿企业，对设计验算、设备改造等须进行短路电流计算时，用手算会更方便，概念更清楚。这里只介绍短路电流计算的基本数据准备、短路电流计算阻抗图绘制和计算步骤，手算计算步骤如下：

① 绘制相应的电力系统、发电厂、变电所的接线图。

② 确定与短路电流有关的运行方式。

③ 计算各元件的正、负及零序阻抗（电抗），系统电抗一般由上级调度部门给出。

④ 绘制相应的短路电流计算阻抗图。

⑤ 根据需要取不同的短路点进行短路电流计算。

⑥ 列出短路电流计算结果表。

第二节　网络简化与等效

一、基准值的选择

1. 无限容量系统

① 基准容量 $S_j = 100 \text{ MV} \cdot \text{A}$，基准电压 $U_j = 1.05 U_N$（额定电压），基准电流 $I_j = \dfrac{S_j}{\sqrt{3} U_j}$，基准电抗 $X_j = \dfrac{U_j}{\sqrt{3} I_j} = \dfrac{U_j^2}{S_j}$。

② 常用基准值如表 3-1 所列。

表 3-1　常用基准值（$S_j = 100 \text{ MV} \cdot \text{A}$）

基准电压 U_j/kV	3.15	6.3	10.5	37	63	115	230	525
基准电流 I_j/kA	18.33	9.16	5.5	1.56	0.916	0.502	0.251	0.11
基准电抗 X_j/Ω	0.099 2	0.397	1.1	13.7	39.7	132	529	2756

2. 有限容量系统

对于有限容量系统，可选取向短路点馈送短路电流的发电机额定总容量 $S_{e\Sigma}$ 作为基准容量。基准电压选取同无限容量系统。

二、电气元件参数计算

1. 各元件参数标幺值的计算

电路各元件的标幺值为有名值与基准值之比。

$$U_* = \frac{U}{U_j} \tag{3-1}$$

$$I_* = \frac{I}{I_j} \tag{3-2}$$

$$S_* = \frac{S}{S_j} \tag{3-3}$$

$$X_* = \frac{X}{X_j} \tag{3-4}$$

2. 电抗标幺值和有名值变换公式

电抗标幺值和有名值变换公式如表 3-2 所列。

表 3-2　电抗标幺值与有名值的变换公式

序　号	元件名称	标幺值	有名值	备　注
1	发电机 电动机	$X_{d*} = \dfrac{X''_d\%}{100}\dfrac{S_j}{P_N/\cos\varphi}$ $= \dfrac{X''_d\%}{100}\left(\dfrac{U_{GN}}{U_j}\right)^2\dfrac{S_j}{S_N}$	$X_{d*} = \dfrac{X''_d\%}{100}\dfrac{U_j^2}{P_N/\cos\varphi}$	$X''_d\%$,电机次暂态电抗百分值;P_N,电机额定容量/MW
2	变压器	$X_{d*} = \dfrac{U_k\%}{100}\dfrac{S_j}{S_N}$	$X_{d*} = \dfrac{U_k\%}{100}\dfrac{U_N^2}{S_N}$	$U_k\%$,变压器短路电压百分值;S_N,变压器额定容量 MV·A
3	电抗器	$X_{d*} = \dfrac{X_L\%}{100}\dfrac{U_N}{\sqrt{3}\,I_N}\dfrac{S_j}{U_j^2}$	$X_{d*} = \dfrac{X_L\%}{100}\dfrac{U_N}{\sqrt{3}\,I_N}$	$X_L\%$,电抗器百分值;I_N,额定电流 kA
4	线　路	$X_* = X\dfrac{S_j}{U_j^2}$	$X = 0.145\log\dfrac{D}{0.789r}$ $D = \sqrt[3]{d_{ab}\cdot d_{ac}\cdot d_{cb}}$	r,导线半径 cm D,导线相间几何均距 cm d,相间距 cm

说明:三绕组变压器容量组合有 1:1:1,1:1:0.5 及 1:0.5:1 三种方案。自耦变压器仅有后两种组合方案。通常制造单位提供的三绕组变压器的电抗已经归算到以额定容量为基准的数值。但对于自耦变压器有时却未归算,在使用时应予以注意。如果制造单位提供的是未经归算的数值,则其高低、中低绕组的电抗方程应乘以自耦变压器额定容量时低压绕组容量的比值。

3. 各类元件的电抗平均值

各类元件的电抗平均值如表 3-3 所列。

三、网络简化方法

① 高压短路电流计算一般只计算各元件(发电机、变压器、电抗器、线路等)的电抗,采用标幺值计算,基准容量一般取 $S_j=100$ MV·A;基准电压可取 $U_j=1.05U_N$(U_N 为额定电压)。

② 对短路点的电气距离大致相等的同类型发电机可合并为一台等值发电机。

③ 同电位的点可以短接,其间的电抗可以略去。

网络变换基本方法如表 3-4 所列。

表 3-3　各类元件的电抗平均值

序　号	元件名称		标幺值			备　注
			X_1'' 或 $X_1/\%$	$X_2/\%$	$X_0/\%$	
1	无阻尼绕组的水轮发电机		29.0	45.0	11.0	
2	有阻尼绕组的水轮发电机		21.0	21.5	9.5	
3	容量为 50 MW 及以下的汽轮发电机		14.5	17.5	7.5	
4	100 MW 及 125 MW 的汽轮发电机		17.5	21.0	8.0	
5	200 MW 的汽轮发电机		14.5	17.5	8.5	国产机
6	300 MW 的汽轮发电机		17.2	19.8	8.4	
7	同步调相机		16.0	16.5	8.5	
8	同步电动机		15.0	16.0	8.0	
9	异步电动机		20.0			
10	6～10 kV 三芯电缆		$X_1 = X_2 = 0.08\ \Omega/\text{km}$		$X_0 = 0.35 X_1$	
11	20 kV 三芯电缆		$X_1 = X_2 = 0.11\ \Omega/\text{km}$		$X_0 = 0.35 X_1$	
12	35 kV 三芯电缆		$X_1 = X_2 = 0.12\ \Omega/\text{km}$		$X_0 = 3.5 X_1$	
13	110 kV、220 kV 单芯电缆		$X_1 = X_2 = 0.18\ \Omega/\text{km}$		$X_0 = (0.8 \sim 1.0) X_1$	
14	无避雷线的架空输电线路	单回路	单导线 $X_1 = X_2 = 0.4\ \Omega/\text{km}$		$X_0 = 3.5 X_1$	
15		双回路			$X_0 = 5.5 X_1$	
16	有钢质避雷线的架空输电线路	单回路	双分列导线 $X_1 = X_2 = 0.31\ \Omega/\text{km}$		$X_0 = 3 X_1$	
17		双回路			$X_0 = 4.7 X_1$	
18	有良导体避雷线的架空输电线路	单回路	四分列导线 $X_1 = X_2 = 0.29\ \Omega/\text{km}$		$X_0 = 2 X_1$	
19		双回路			$X_0 = 3 X_1$	

说明：X_1 为正序电抗；X_2 为负序电抗；X_0 为零序电抗。

表 3-4　网络变换基本公式

序号	变换名称	变换前网络	变换后网络	变换后网络元件阻抗	变换前网络电流分布
1	串联			$X_Z = X_1 + X_2 + \cdots + X_n$	$I_1 = I_2 = \cdots = I_n = I$
2	并联			$X_Z = \dfrac{1}{\dfrac{1}{X_1} + \dfrac{1}{X_2} + \cdots + \dfrac{1}{X_n}}$ 只有两支路时 $X_Z = \dfrac{X_1 X_2}{X_1 + X_2}$	$I_n = I \dfrac{X_Z}{X_n} = I C_n$

序号	变换名称	变换前网络	变换后网络	变换后网络元件阻抗	变换前网络电流分布
3	Δ－Y			$X_L = \dfrac{X_{LM}X_{NL}}{X_{LM}+X_{MN}+X_{NL}}$ $X_M = \dfrac{X_{LM}X_{MN}}{X_{LM}+X_{MN}+X_{NL}}$ $X_N = \dfrac{X_{MN}X_{NL}}{X_{LM}+X_{MN}+X_{NL}}$	$I_{LM} = \dfrac{I_L X_L - I_M X_M}{X_{LM}}$ $I_{MN} = \dfrac{I_M X_M - I_N X_N}{X_{MN}}$ $I_{NL} = \dfrac{I_N X_N - I_L X_L}{X_{NL}}$
4	Y－Δ			$X_{LM} = X_L + X_M + \dfrac{X_L X_M}{X_N}$ $X_{MN} = X_M + X_N + \dfrac{X_M X_N}{X_L}$ $X_{NL} = X_N + X_L + \dfrac{X_N X_L}{X_M}$	$I_L = I_{LM} - I_{NL}$ $I_M = I_{MN} - I_{LN}$ $I_N = I_{NL} - I_{MN}$

第三节　常用短路电流计算

一、无限容量系统三相短路电流周期分量计算

当供电电源无限大或以供电电源容量为基准计算阻抗标幺值(X_{*js})大于 3 时，系统发生短路，短路电流的周期分量在整个短路过程中不衰减。即

$$I_{*d} = S_{*d} = \frac{1}{X_{*\Sigma}} \tag{3-5}$$

$$I_d = I_{*d}I_j = \frac{I_j}{X_{*\Sigma}} \tag{3-6}$$

$$S_d = S_{*d}S_j = \frac{S_j}{X_{*\Sigma}} \tag{3-7}$$

式中：

S_j——基准容量，MV·A；

I_j——基准电流，kA；

I_{*d}——短路电流周期分量的标幺值；

$X_{*\Sigma}$——电源对短路点的等值电抗的标幺值；

I_d——短路电流周期分量的有效值，kA；

S_{*d}——次暂态短路容量的标幺值；

S_d——次暂态短路容量，MV·A。

二、有限容量系统供给的短路电流计算

有限容量系统的短路特点是：短路后电源母线上的电压不能保持恒定值，由其决定的短路

电源周期分量幅值或有效值也将随之变化。短路电流的变化情况与发电机是否装有自动调压装置有关。短路电流周期分量的起始值,即超瞬变或次暂态电流 I'',可利用下述公式计算。

汽轮发电机:

$$I'' = \frac{E''}{\sqrt{3}\,(x''_d + x_w)} \quad 或 \quad I'' = \frac{I_j}{x_{*d} + x_{*w}} \tag{3-8}$$

水轮发电机:

$$I'' = \frac{kE''}{\sqrt{3}\,(x''_d + x_w)} \quad 或 \quad I'' = \frac{kI_j}{x_{*d} + x_{*w}} \tag{3-9}$$

式中:

E''——超瞬变电势,计算中取 $E'' = U_N$,kV;

x''_d——发电机超瞬变电抗,Ω;

x_w——发电机出口至短路点的短路电抗,Ω;

x_{*d}——发电机超瞬变电抗的标幺值;

x_{*w} -发电机出口至短路点的短路电抗标幺值;

k——水轮发电机的超瞬变电抗 x 值比较大,其引入的计算系数如表 3-5 所列。

表 3-5 水轮发电机的计算系数 k 值

发电机 形式	$x_{*d} + x_{*w}$								
	0.2	0.27	0.3	0.4	0.5	0.75	1	1.5	≥2
无阻尼 绕组		1.16	1.14	1.1	1.07	1.05	1.03	1.02	1
有阻尼 绕组	1.11	1.07	1.07	1.05	1.03	1.02	1	1	1

三、冲击电流和冲击电流有效值的计算

短路发生 0.01 s 后,总短路电流的瞬时值达到最大数值,该短路电流称为冲击电流 i_{ch},计算公式为:

$$i_{ch} = \sqrt{2}\,k_{ch}I'' \tag{3-10}$$

冲击电流的有效值 I_{ch} 计算公式为

$$i_{ch} = I'' \sqrt{1 + 2(k_{ch} - 1)^2} \tag{3-11}$$

$$k_{ch} = 1 + e^{\frac{-0.01}{T_f}} \tag{3-12}$$

$$T_f = \frac{x_\Sigma}{314R_\Sigma} \tag{3-13}$$

式中:

k_{ch}——短路电流冲击系数;

T_f——短路电流非周期分量衰减时间常数,s;

x_Σ——短路电路总电抗,Ω;

R_Σ——短路电路总电阻，Ω。

由式(3-1)~式(3-4)可见，短路点不同，x_Σ/R_Σ 亦不同，因此 k_{ch} 值将发生变化，工程设计中对 k_{ch} 值取法规定如下：

① 当短路发生在单机容量为 12 000 kW 及以上发电机电压母线时取 $k_{ch}=1.9$，则 $i_{ch}=2.7I''$，$I_{ch}=1.62I''$。

② 当 $R_\Sigma \leqslant \dfrac{1}{3}X_\Sigma$ 时，$T_f \approx 0.05$ s，取 $k_{ch}=1.8$，则 $i_{ch}=2.55I''$，$I_{ch}=1.51I''$。

③ 当 $R_\Sigma > \dfrac{1}{3}X_\Sigma$ 时，非周期分量衰减较快取 $k_{ch}=1.3$，则 $i_{ch}=1.84I''$，$I_{ch}=1.09I''$。

四、电动机对短路电流的影响

1. 短路电流对电动机的影响

① 计算短路电流时，应考虑连接在短路电路上的额定总功率在 800 kW 及以上高压电动机的影响。

② 高压同步电动机对短路电流的影响可按有限容量电源考虑。短路电流周期分量计算方法同发电机。

③ 异步电动机对短路电流的影响应注意其超瞬变电势 E'' 比较小。因此只有当计算电动机附近短路点的冲击电流和冲击电流有效值时才计算它的影响。异步电动机提供的冲击电流可按下式计算：

$$i_{ch.d}=0.9\sqrt{2}\,k_{ch.d}k_{qd}I_{ed} \tag{3-14}$$

计算异步电动机影响后的短路冲击电流和冲击电流有效值，可按以下两式计算：

$$i_{ch}=i_{ch.x}+i_{ch.d} \tag{3-15}$$

$$I_{ch}=\sqrt{(I''_x+I''_d)^2+2\left[(k_{ch.x}-1)I''_x+(k_{ch.d}-1)I''\right]^2} \tag{3-16}$$

式中：

$i_{ch.x}$——由系统送短路点的冲击电流，kA；

I''_x——由系统送短路点的超瞬变短路电流，kA；

I''_d——由异步电动机送短路点的超瞬变短路电流，kA，其值为 $I''_d=0.9k_{qd}I_{ed}$；如为多台异步电动机，则 $I''_d=0.9k_{qd}\Sigma I_{ed}$；

k_{qd}——异步电动机启动电流倍数，可由产品样本查得，一般取 $k_{qd}=6$；如为多台异步电动机，则 $k_{qd}=\Sigma(k_{dq}P_{ed})/\Sigma P_{ed}$；

P_{ed}——异步电动机额定功率，kW；

I_{ed}——异步电动机额定电流，kA；

$k_{ch.x}$——由系统馈送短路电流冲击系数；

$k_{ch.d}$——异步电动机馈送短路电流冲击系数，通常取 $k_{ch.d}=1.4\sim1.7$。

2. 以下情况可以不计异步电动机对短路冲击电流的影响

① 异步电动机与短路点之间相隔一变压器。

② 计算不对称短路时，也可不计异步电机对冲击电流之影响。

五、两相短路电流的计算

两相短路电流可依相应的三相短路电流求得以下各值。

1. 超瞬变短路

$$I''^{(2)} = 0.866 I''^{(3)} \tag{3-17}$$

$$i''^{(2)}_{ch} = 0.866 i''^{(3)}_{ch} \tag{3-18}$$

$$I''^{(2)}_{ch} = 0.866 I''^{(3)}_{ch} \tag{3-19}$$

2. 静态短路时短路电流的数值与短路点距电源的距离有关

① 发电机输出端发生短路时

$$I''^{(2)}_{\infty} = 1.5 I''^{(3)}_{\infty} \tag{3-20}$$

② 远距离点短路时，即 $X_{*js} > 3$ 时，因 $I_{\infty} = I''$，故

$$I^{(2)}_{\infty} = 0.866 I^{(3)}_{\infty} \tag{3-21}$$

③ 定性总结

当 $X_{*js} > 0.6$ 时，　　　　　　　　$I^{(2)}_{\infty} < I^{(3)}_{\infty}$

当 $X_{*js} = 0.6$ 时，　　　　　　　　$I^{(2)}_{\infty} = I^{(3)}_{\infty}$

当 $X_{*js} < 0.6$ 时，　　　　　　　　$I^{(2)}_{\infty} > I^{(3)}_{\infty}$

式中 X_{*js} 为计算电抗标幺值。

六、单相接地电容电流的计算

电网中单相接地的电容电流由线路和电气设备(同步发电机、大型同步电动机、变压器等)两部分电容电流组成,但电气设备的电容电流比线路的电容电流小得多,故在一般工程设计中忽略不计(具体算法可详见《电力工程电气设计手册》第262页)。

1. 架空线路的电容电流

$$I''_c = (2.7 \sim 3.3) U_N L \times 10^{-3} \tag{3-22}$$

或

$$I''_c = \frac{1}{350} U_N L \tag{3-23}$$

式中:

I''_c——架空线路的电容电流,A;

L——线路的长度,km;

U_N——线路额定电压,kV。

2. 电缆线路的电容电流

$$I_c = 0.1 U_N L \tag{3-24}$$

或

6 kV 时:

$$I_c = \frac{95 + 2.84S}{2\,200 + 6S} U_N L \tag{3-25}$$

10 kV 时：

$$I_c = \frac{95 + 1.44S}{2\,200 + 0.23S} U_N L \qquad (3-26)$$

式中：

I_c——电缆线路的电容电流，A；

S——电缆截面，mm^2；

L——线路的长度，km；

U_N——线路额定电压，kV。

3. 变电所增加的接地电容电流

变电所增加的接地电容电流可按表 3-6 估算。

表 3-6　变电所增加的接地电容电流

额定电压/kV	6	10	15	35	63	110
附加值/%	18	16	15	13	12	10

第四节　短路电流计算实例

一、某地区电网系统结构

某地区电网系统结构（见图 3-1）的相关参数如下：

变压器 T1：

$S_{e1} = 180\ MV \cdot A$，$U_{d(1-2)} = 8\%$，$U_{d(1-3)} = 28\%$，$U_{d(2-3)} = 18\%$

变压器 T2：

$S_{e2} = 63\ MV \cdot A$，$U_d\% = 14$；

变压器 T3：

$S_{e3} = 50\ MV \cdot A$，$U_d\% = 13$；

线路 L1：

线路型号 LGJ-400，3 km；

线路 L2：

线路型号 LGJ-185，4 km；

发电机 G1：

$P_e = 50\ MW$，$\cos\varphi = 0.8$，$x_d''\% = 14.5$；

电动机 M1：

$P_{ed1} = 200\ kW$，$\cos\varphi = 0.79$，$x_d'' = 0.204$；

电动机 M2：

$P_{ed2} = 500\ kW$，$\cos\varphi = 0.9$，$x_d'' = 0.156$。

求 d_1 点和 d_2 点短路电流。

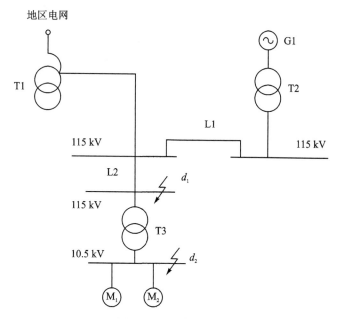

图 3-1   系统结构图

解:

1. 绘制计算如图 3-2 所示电抗图

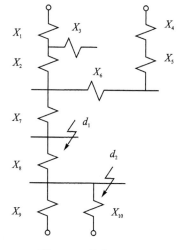

图 3-2   计算电抗图

2. 取基准容量 $S_j = 100 \ \mathrm{MV \cdot A}$ 计算网络参数

（1）自耦变

$$U_{d1} = \frac{1}{2}(U_{d(1-2)} + U_{d(1-3)} - U_{d(2-3)}) = \frac{1}{2}(8\% + 28\% - 18\%) = 9\%$$

$$U_{d2} = \frac{1}{2}(U_{d(2-3)} + U_{d(1-2)} - U_{d(1-3)}) = \frac{1}{2}(18\% + 8\% - 28\%) = -1\%$$

$$U_{d3} = \frac{1}{2}(U_{d(1-3)} + U_{d(2-3)} - U_{d(1-2)}) = \frac{1}{2}(28\% + 18\% - 8\%) = 19\%$$

$$X_1 = U_{d1} \frac{S_j}{S_{e1}} = 9\% \frac{100 \text{ MV} \cdot \text{A}}{180 \text{ MV} \cdot \text{A}} = 0.05$$

$$X_2 = U_{d2} \frac{S_j}{S_{e1}} = -1\% \frac{100 \text{ MV} \cdot \text{A}}{180 \text{ MV} \cdot \text{A}} = -0.005\ 6$$

$$X_3 = U_{d3} \frac{S_j}{S_{e1}} = 19\% \frac{100 \text{ MV} \cdot \text{A}}{180 \text{ MV} \cdot \text{A}} = 0.106$$

（2）发电机电抗

$$X_4 = \frac{X_d''\%}{100} \frac{S_j}{P_e/\cos\varphi} = \frac{14.5 \times 100 \text{ MV} \cdot \text{A} \times 0.8}{100 \times 50 \text{ MW}} = 0.232$$

（3）升压变电抗

$$X_5 = \frac{U_d\%}{100} \frac{S_j}{S_{e3}} = \frac{14 \times 100 \text{ MV} \cdot \text{A}}{100 \times 63 \text{ MV} \cdot \text{A}} = 0.222$$

（4）线路电抗

LGJ - 400 电抗取 0.381 Ω/km

$$X_6 = 0.381 \times 3 \times \frac{S_j}{U_{p1}^2} = \frac{0.381 \ \Omega \times 3 \text{ km} \times 100 \text{ MV} \cdot \text{A}}{(115 \text{ kV})^2} = 0.008\ 6$$

$$X_7 = 0.43 \times 4 \times \frac{S_j}{U_{p1}^2} = \frac{0.43 \ \Omega \times 4 \text{ km} \times 100 \text{ MV} \cdot \text{A}}{(115 \text{ kV})^2} = 0.013$$

（5）110 kV 变压器

$$X_8 = \frac{U_d\%}{100} \frac{S_j}{S_{e2}} = \frac{13 \times 100 \text{ MV} \cdot \text{A}}{100 \times 50 \text{ MV} \cdot \text{A}} = 0.26$$

（6）电动机

$$X_9 = X_d'' \frac{S_j}{S_{ed1}} = 0.204 \times \frac{100 \text{ MV} \cdot \text{A} \times 0.79}{0.2 \text{ MW}} = 80.58$$

$$X_{10} = X_d'' \frac{S_j}{S_{ed}} = 0.156 \times \frac{100 \text{ MV} \cdot \text{A} \times 0.9}{0.5 \text{ MW}} = 28.08$$

3. 计算网络简化

（1）简化图 3-2 所示计算机电抗图得到的网络如图 3-3 所示。

$$X_{11} = X_1 + X_2 = 0.05 - 0.005\ 6 = 0.05$$

$$X_{12} = X_4 + X_5 + X_6 = 0.232 + 0.222 + 0.008\ 6 = 0.463$$

$$X_{13} = \frac{X_9 \times X_{10}}{X_9 + X_{10}} = \frac{80.58 \times 28.08}{80.58 + 28.08} = 20.82$$

（2）根据表 3-4 网络变换基本公式（4）简化图 3-3 所示网络，如图 3-4 所示。

$$X_{14} = X_{11} + X_7 + \frac{X_{11} \times X_7}{X_{12}} = 0.05 + 0.013 + \frac{0.05 \times 0.013}{0.463} = 0.064$$

$$X_{15} = X_{12} + X_7 + \frac{X_{12} \times X_7}{X_{11}} = 0.463 + 0.013 + \frac{0.463 \times 0.013}{0.05} = 0.598$$

（3）根据表 3-4 网络变换基本公式（4）简化图 3-4 所示网络，如图 3-5 所示。

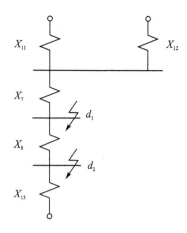

图 3-3　计算电抗图

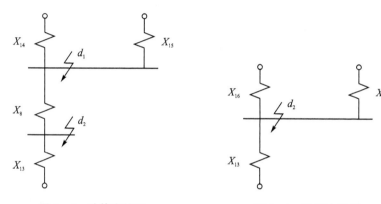

图 3-4　计算电抗图　　　　　　　　图 3-5　计算电抗图

4. 计算由地区电网供给 d_1 点的短路电流

$$I''_x = \frac{S_j}{\sqrt{3}\,U_{p1}} \times \frac{1}{X_{14}} = \frac{100\ \text{MV}\cdot\text{A}}{\sqrt{3} \times 115\ \text{kV}} \times \frac{1}{0.064} = 7.84\ \text{kA}$$

$$S''_x = \frac{S_j}{X_{14}} = \frac{100\ \text{MV}\cdot\text{A}}{0.064} = 1\,562.5\ \text{MV}\cdot\text{A}$$

$$i_{\text{ch.x}} = \sqrt{2}\,k_{\text{ch}} \times I''_x = 2.55 \times 7.84\ \text{kA} = 20\ \text{kA}$$

5. 计算发电机供给 d_1 点的短路电流

$$I''_f = \frac{S_j}{\sqrt{3}\,U_{p1}} \times \frac{1}{X_{15}} = \frac{100\ \text{MV}\cdot\text{A}}{\sqrt{3} \times 115\ \text{kV}} \times \frac{1}{0.598} = 0.84\ \text{kA}$$

$$S''_f = \frac{S_j}{X_{15}} = \frac{100\ \text{MV}\cdot\Lambda}{0.598} = 167.22\ \text{MV}\cdot\text{A}$$

$$i_{\text{ch.f}} = \sqrt{2}\,k_{\text{chf}} \times I''_f = 2.55 \times 0.84\ \text{kA} = 2.14\ \text{kA}$$

6. 计算 d_1 点的短路电流

$$I''_{d_1} = I''_x + I''_f = 7.84\ \text{kA} + 0.84\ \text{kA} = 8.68\ \text{kA}$$

$$S''_{d_1} = S''_x + S''_f = 1\,562.5\ \text{MV} \cdot \text{A} + 167.22\ \text{MV} \cdot \text{A} = 1\,729.7\ \text{MV} \cdot \text{A}$$

$$i_{\text{ch.} d_1} = i_{\text{ch.} x} + i_{\text{ch.} f} = 20\ \text{kA} + 2.14\ \text{kA} = 22.14\ \text{kA}$$

7. 计算地区电网供给 d_2 点的短路电流

$$X_{16} = X_{14} + X_8 + \frac{X_{14} \times X_8}{X_{15}} = 0.064 + 0.26 + \frac{0.064 \times 0.26}{0.598} = 0.352$$

$$X_{17} = X_{15} + X_8 + \frac{X_{15} \times X_8}{X_{14}} = 0.598 + 0.26 + \frac{0.598 \times 0.26}{0.064} = 3.29$$

$$I''_x = \frac{S_j}{\sqrt{3}\,U_{p2}} \times \frac{1}{X_{16}} = \frac{100\ \text{MV} \cdot \text{A}}{\sqrt{3} \times 10.5\ \text{kV}} \times \frac{1}{0.352} = 15.62\ \text{kA}$$

$$S''_x = \frac{S_j}{X_{16}} = \frac{100\ \text{MV} \cdot \text{A}}{0.352} = 284\ \text{MV} \cdot \text{A}$$

$$i_{\text{ch.} x} = \sqrt{2}\,k_{\text{ch}} \times I''_x = 2.55 \times 15.62\ \text{kA} = 39.83\ \text{kA}$$

8. 计算发电机供给 d_2 点的短路电流

$$I''_f = \frac{S_j}{\sqrt{3}\,U_{p2}} \times \frac{1}{X_{17}} = \frac{100\ \text{MV} \cdot \text{A}}{\sqrt{3} \times 10.5\ \text{kV}} \times \frac{1}{3.29} = 1.67\ \text{kA}$$

$$S''_f = \frac{S_j}{X_{17}} = \frac{100\ \text{MVA}}{3.29} = 30.40\ \text{MV} \cdot \text{A}$$

$$i_{\text{ch.} f} = \sqrt{2}\,k_{\text{chf}} \times I''_f = 2.55 \times 1.67\ \text{kA} = 4.26\ \text{kA}$$

9. 计算电动机供给 d_2 点的短路电流

$$I''_d = \frac{S_j}{\sqrt{3}\,U_{p2}} \times \frac{1}{X_{13}} = \frac{100\ \text{MV} \cdot \text{A}}{\sqrt{3} \times 10.5\ \text{kV}} \times \frac{1}{20.82} = 0.26\ \text{kA}$$

$$S''_d = \frac{S_j}{X_{13}} = \frac{100\ \text{MV} \cdot \text{A}}{20.82} = 4.8\ \text{MV} \cdot \text{A}$$

10. 计算 d_2 点的短路电流

$$I''_{d_2} = I''_x + I''_f + I''_d = 15.62\ \text{kA} + 1.67\ \text{kA} + 0.26\ \text{kA} = 17.55\ \text{kA}$$

$$S''_{d_2} = S''_x + S''_f + S''_d = 284\ \text{MV} \cdot \text{A} + 30.40\ \text{MV} \cdot \text{A} + 4.8\ \text{MV} \cdot \text{A} = 319.20\ \text{MV} \cdot \text{A}$$

$$i_{\text{ch}} = i_{\text{ch.} x} + i_{\text{ch.} f} + i_{\text{ch.} d} = 39.83\ \text{kA} + 4.26\ \text{kA} + 0.26\ \text{kA} = 44.35\ \text{kA}$$

二、短路电流的热效应

1. 短路电流在导体和电容中引起的热效应

$$Q_t = Q_z + Q_f \tag{3-27}$$

式中：

Q_z——短路电流周期分量引起的热效应，$\text{kA}^2 \cdot \text{s}$；

Q_f——短路电流非周期分量引起的热效应，$\text{kA}^2 \cdot \text{s}$。

2. 检验热效应的计算时间

$$t = t_b + t_d \qquad (3-28)$$

式中：

t_b——继电保护装置动作时间取后备保护动作时间的 0.2 s～0.5 s;

t_d——断路器的全分闸时间为 50 ms～80 ms。

3. 短路电流周期分量引起的热效应 Q_z

$$Q_z = \frac{I_z''^2 + 10I_{z\frac{t}{2}}^2 + I_{zt}^2}{\sqrt{3}U_{p2}}t = I_{zt}''^2 \qquad (3-29)$$

式中：

$I_z''^2$——短路电流周期分量起始有效值；

$I_{z\frac{t}{2}}^2$——短路电流周期分量在 $\frac{t}{2}$ 时的有效值；

I_{zt}——短路电流周期分量在 t 时的有效值。

4. 短路电流非周期分量引起的热效应 Q_f

$$Q_f = TI_z'' \qquad (3-30)$$

式中：

T——非周期分量等效时间,s,可查表 3-7。

表 3-7 非周期分量等效时间

短 路 点	T/s	
	$t \leqslant 0.1$	$t > 0.1$
发电机出口处母线	0.15	0.2
发电厂升高电压母线及出线、发电机电压电抗器后	0.08	0.1
变电所各级电压母线及出线	0.05	0.05

第四章 调相调压计算

第一节 调相调压概述

一、电力系统电压调整的必要性

调相调压计算用于合适的主变主抽头及分接头、分接档位,计算时须合理配置低压无功补偿装置及远景预留规模。

电压是电力系统中电能质量的重要指标,由于电力系统中运行方式千变万化,每个节点电压都不相同,用户对电压的要求也不一样,用户电压偏移过大将影响工农业生产产品的质量和产量,甚至损坏设备。电压调整主要是对周期长、影响面较大的负荷因生产、生活气候变化引起电压变动给以控制,使电压偏移在允许范围之内。对冲击性或间歇性负荷引起电压波动的调压由于波及面小,当另作处理。

由于电力系统各点的电压水平高低直接反映了电力系统无功电源配置的多少,因此,电力系统电压调整应在全系统无功电源和无功负荷平衡的前提下进行。

电力系统中电压的调整措施需根据具体情况而定,一般可概括为以下 3 个方面:

① 改变无功功率进行调压,如发电机、调相机、并联电容器、并联电抗器、静止补偿器进行调压;

② 改变有功功率和无功功率的分配进行调压,如改变变压器分接头或调压变压器进行调压;

③ 改变网络参数进行调压,如串联电容器,改变并列运行变压器的台数进行调压。

二、电压质量及允许偏差标准

由于电力系统运行状态的缓慢变化,使电压发生偏移,其电压变化率小于每秒 1% 时的实际电压值与系统额定电压值之差称为电压偏移,也称电压偏差。电力系统一般运行方式时各点电压的偏差范围用额定电压的百分数表示,根据我国原能源部标准,可归纳为下列几点:

① 500(330)kV 母线,正常运行方式时,最高运行电压不得超过系统额定电压的 +10%,最低运行电压不应影响电力系统稳定。

② 发电厂和 500 kV 变电所的 220 kV 母线,电压允许偏差在正常运行方式时,为系统额定电压的 0～+10%;在事故运行方式时为系统额定电压的 -5%～+10%。

③ 发电厂和 220(330)kV 变电所的 110～35 kV 母线,电压允许偏差在正常运行方式时,为系统额定电压的 -3%～+7%;在事故运行方式时为系统额定电压的 ±10%。

④ 35 kV 及以上用户的电压变动幅度不大于系统额定电压的 10%。其电压允许偏差值,应在额定电压的 90%～110% 范围内。

⑤ 10 kV 用户的电压允许偏差值为系统额定电压的 ±7%。

⑥ 380 V用户的电压允许偏差值为系统额定电压的±7％。

⑦ 220 V用户的电压允许偏差值为系统额定电压的＋5％～－10％。

第二节　电力系统的主要调压措施

当发电厂、变电站的母线电压超出允许偏差范围时,首先应按无功功率分层、分区就地平衡的原则,调节发电机和无功补偿设备的无功功率。若电压质量仍不符合要求时,再调整相应有载调压变压器的分接开关位置,使电压恢复到合格值。计算中考虑好边界条件:本变电站负荷预测情况,变压器高、中、低侧负荷比例,电压水平,主变参数,无功投切和功率因数要求等。

一、改变发电机端电压的调压方法

改变发电机端电压的方式如下:

1. 同步发电机可在额定电压的95％～105％范围内保持以额定功率运行

在以发电机电压直接向用户供电的中小系统中,一般供电线路不长,线路上电压损失不大,通过调节发电机励磁、改变发电机母线电压,实现各种调压方式下负荷对电压质量的要求。这种调压措施在多电源、多级电压的电力系统中很难满足负荷对电压的要求,在调压中起辅助作用。

2. 发电机进相运行调压

发电机进相运行调压是指发电机工作在欠励磁运行状态,发电机发出有功而吸收无功,以此来降低系统电压。一般在超高压输电线路和电缆线路中由于长度增加,电网产生的容性无功功率相应增大,从而在电网的某些点出现过高的电压时,这就要求影响这些点电压的发电机能吸收多余的无功来调节电压。发电机进相运行时功率因数呈超前运行方式,这种运行方式有可能引起发电机定子铁芯端部发热,此外在发电机进相运行时,在一定的有功功率下,由于励磁减小,发电机空载电动势降低,功率角逐渐增大,从而使稳定度相应降低。目前制造厂对发电机的进相运行范围都有规定,但在实际运行中还应按《发电机运行规程》加以实施。

3. 发电机调相机运行调压

在系统中无功补偿不足会引起电压水平下降,而有些发电机组效率低不宜作为正常发电运行,因而把汽轮发电机与汽轮机拆开作为调相机运行,以补偿系统无功缺乏并调整电压。水轮发电机同样可以进相运行调压,另外,由于水轮发电机是凸极式同步发电机,与同步调相机特性相似,改变运行方式作调相运行较易实现。如担任系统调峰的水轮发电机可在系统高峰负荷时承担发电任务,主要满足系统有功负荷需要;而在系统低谷负荷时,水轮发电机不发生或发少量有功功率,根据系统需要可迅速转为调相运行并为系统调压服务。

4. 同步调相机调压

在电力系统某些枢纽点或超高压长距离输电线路中,为补偿无功不足并调整系统电压而设置调相机进行调压。调相机调压具有调压比较平稳的优点,一般在欠励磁运行时,其调节容量约为过励磁运行时调节容量的50％～60％。

同步调相机具有自动励磁调节装置,能自动维护系统电压,尤其在装有强行励磁装置时,若系统发生故障电压下降,也能调整系统电压,使系统维持一定电压水平以提高系统稳定。但其投资较大,且因是旋转设备,通常维护费用和功率损耗也较大。因此,需经论证后在技术经济上均有利时方能采用。

二、并联补偿调压

1. 并联电容器补偿调压

在负荷点装接并联电容器从而提高负荷点的功率因数,减少通过输电线上的无功功率,以达到减小输电线的电压损失和调整电压的目的。显然这种调压措施一般都在负荷端无功电源不足、负荷功率因数较低和输电线路较长时才考虑采用。

2. 并联电抗器补偿调压

用并联电抗器进行调压,其特性正好和并联电容器相反。并联电抗器补偿调压主要是由于电网中无功功率过多,引起电压过高,如城市电网中电缆的充电无功功率较大,引起电网某些点的电压过高,因此需要装接并联电抗器吸收无功。并联电抗器有单相式、三相式、干式空气芯及油浸等形式。根据需要一般接于低压母线侧,在 500 kV 及以上等超高压变电所中为了吸收无功功率进行调压,在三绕组变压器低压侧,根据运行需要进行分组投切来进行调压。

在 500 kV 及以上等超高压输电系统中为了解决过电压问题,可将并联电抗器直接接于 500 kV 线路的末端或中间,以吸收线路上的充电功率,并降低超高压长线路在空载充电或轻负荷时的末端电压,从而起到调压作用,但高压并联电抗器主要目的还是防止过电压。

3. 静止补偿器(SVC)类型及调压

静止补偿器也称可控静止无功补偿器,可将可控的电抗器和静电电容器构成不同组合并联使用,利用电抗器和电容器可吸收和产生无功功率特性,在电网连接点根据负荷变动进行电压调节,从而使该节点电压维持一定水平,增强电力系统稳定。另外对限制系统过电压、消除次同步谐振、修正不平衡负荷均有一定作用。静止补偿器调压的优点如下:调节平滑、迅速,动态特性好,功率损耗较小,运行维护量较小,可靠性较高。缺点是价格较高。

三、改变变压器分接头调压

1. 变压器分接头

变压器一次侧的三相线圈中,根据不同的匝数引出若干个抽头,这些抽头按照一定的接线方式接在分接开关上。分接开关的中心有一个能转动的触头,当变压器需要调整电压时,改变分接开关的位置就改变了变压器的变比,从而改变变压器的输出电压,使之满足需要。要注意的是当改变高压侧分接开关档位时,并没有改变高压侧的电压(高压侧的电压是系统的电压,这个电压只能随负荷等参数波动,不受变压器高压侧分接开关档位影响),实际上改变的是高压绕组的匝数。高压绕组的匝数改变,则中、低压侧之间的变比也改变,从而达到改变中、低压侧电压的目的。一档是线圈匝数最多的,比如变压器分接头调整范围为 $110 \pm 8 \times 1.25\%$,一档对应高压侧 $110(1+8 \times 1.25\%)=121$ kV。如果低压侧电压偏高,就要把变压器分接头往高档调,反之则往低档调;如果高压电源侧电压高,就要把变压器分接头往高档调,反之则往低档调。这就是所谓的“低了低调,高了高调”。

除额定分接头外,调压范围一般按每档 $1.25\% \sim 2.5\%$ 间进行。在选择变压器分接头时,一般要考虑以下五个问题:

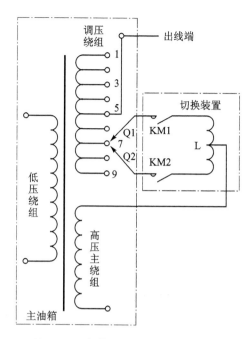

图 4 - 1　有载调压变压器工作原理图

①　选出的分接头,应使二次母线实际电压不超过上、下允许的偏移范围,并考虑电力系统 10～15 年发展的需要。

②　区域性大型电厂的升压变压器分接头一般应放在较高位置。

③　地区性的受端电厂变压器分接头应保证发电机有最大的有功、无功功率。

④　降压变压器的分接头选择仅考虑最大负荷及最小负荷两种运行方式。

⑤　在无功电源充足的系统中,应使电力系统的电压维持在较高水平运行,用户的电压亦尽可能在较高水平运行,以减少电网的功率损耗。

2. 双绕组降压变压器分接头的选择

$$U_{\mathrm{T}} = (U_1 - \Delta U_{\mathrm{T}})\frac{U_{2\mathrm{e}}}{U_2} \tag{4-1}$$

$$U'_{\mathrm{T}} = (U'_1 - \Delta U'_{\mathrm{T}})\frac{U_{2\mathrm{e}}}{U'_2} \tag{4-2}$$

式中:

U_1 , U'_1——最大和最小负荷时高压侧实际电压,kV;

ΔU_{T} , $\Delta U'_{\mathrm{T}}$——最大和最小负荷时变压器电压损失(归算到高压侧),kV;

$U_{2\mathrm{e}}$——降压变压器二次侧额定电压,kV;

U_2 , U'_2——最大和最小负荷时低压侧要求的电压,kV;

U_{T} , U'_{T}——最大和最小负荷时按低压侧要求算得的变压器分接头电压,kV。

由于普通变压器只能选定一个分接头,一般取 U_{T} 及 U'_{T} 的平均值,即分接头的电压值为

$$U_{\mathrm{TP}} = \frac{U_{\mathrm{T}} + U'_{\mathrm{T}}}{2} \tag{4-3}$$

根据分接头的电压值 U_{TP} ,选定最接近的分接头,再校验最大、最小负荷实际低压侧电压

是否满足要求。

3. 三绕组降压变压器分接头的选择

根据变压器各侧功率的传送容量,选择某两侧计算其一侧的分接头,据此再进行第三侧的核算,如先用高、低两侧计算高压侧分接头,再用中压侧分接头进行校核。

(1) 用高、低两侧计算高压侧分接头

$$U_{T1} = (U_1 - \Delta U_{T1} - \Delta U_{T3}) \frac{U_{3e}}{U_3} \qquad (4-4)$$

$$U'_{T1} = (U'_1 - \Delta U'_{T1} - \Delta U'_{T3}) \frac{U_{3e}}{U'_3} \qquad (4-5)$$

式中:

U_1, U'_1——最大和最小负荷时高压侧实际电压,kV;

ΔU_{T1}, $\Delta U'_{T1}$——最大和最小负荷时变压器高压侧电压损失,kV;

ΔU_{T3}, $\Delta U'_{T3}$——最大和最小负荷时变压器低压侧电压损失,kV;

U_{3e}——降压变压器低压侧二次侧额定电压,kV;

U_3, U'_3——最大和最小负荷时低压侧要求的电压,kV。

普通三绕组变压器高压侧的分接头为:

$$U_{T1P} = \frac{U_{T1} + U'_{T1}}{2} \qquad (4-6)$$

(2) 按中压侧校验分接头

中压侧分接头确定

$$U_{T2} = \frac{U_{T1P}}{K_{12}} \qquad (4-7)$$

$$U'_{T2} = \frac{U_{T1P}}{K'_{12}} \qquad (4-8)$$

$$K_{12} = \frac{U_1 - \Delta U_{T1} - \Delta U_{T2}}{U_2} \qquad (4-9)$$

$$K'_{12} = \frac{U'_1 - \Delta U'_{T1} - \Delta U'_{T2}}{U'_2} \qquad (4-10)$$

式中:

U_2, U'_2——中压侧要求得到的电压,kV;

K_{12}, K'_{12}——最大和最小负荷时高中压之间电压要求的比值;

ΔU_{T2}, $\Delta U'_{T2}$——最大和最小负荷时中压侧电压损失(归算到高压侧),kV。

最大和最小负荷时中压侧所选分接头的中压侧宜选分接头的值为:

$$U_{T2P} = \frac{U_{T2} + U'_{T2}}{U'_2} \qquad (4-11)$$

中压侧实际分接头宜与此相接近。最后应对所选之高、中压侧分接头进行校验。

4. 升压双绕组变压器分接头的选择

在绝缘水平允许的情况下,应尽量提高一次系统的电压水平,并使发电机无功功率得到充分合理地利用。

$$U_{\mathrm{T}} = (U_1 + \Delta U_{\mathrm{T}}) \frac{U_{\mathrm{Te}}}{U_{\mathrm{G}}} \tag{4-12}$$

$$U_{\mathrm{T}}' = (U_1' + \Delta U_{\mathrm{T}}') \frac{U_{\mathrm{Te}}}{U_{\mathrm{G}}'} \tag{4-13}$$

式中：

U_1, U_1'——最大和最小负荷时发电机升压变压器高压侧的实际电压，kV；

U_{Te}——变压器低压侧额定电压，kV；

$U_{\mathrm{G}}, U_{\mathrm{G}}'$——最大和最小负荷时要求的发电机端电压，kV；

$U_{\mathrm{T}}, U_{\mathrm{T}}'$——最大和最小负荷高压侧分接头电压，kV。

第三节　调相调压计算实例

一、变压器分接头选择

1. 降压变压器的分接头

某降压变压器，其电压等级为 110/10.5 kV，最大负荷时高压侧电压为 108.89 kV，电压损耗为 3.88 kV；最小负荷时高压侧电压为 111.55 kV，电压损耗为 2.36 kV，要求低压侧电压保持在 10.35 kV 附近，选择变压器分接头。

① 根据式(4-1)和式(4-2)可得：

$$U_{\mathrm{T}} = (U_1 - \Delta U_{\mathrm{T}}) \frac{U_{2\mathrm{e}}}{U_2} = (108.89 \text{ kV} - 3.88 \text{ kV}) \times \frac{10 \text{ kV}}{10.5 \text{ kV}} = 101.46 \text{ kV}$$

$$U_{\mathrm{T}}' = (U_1' - \Delta U_{\mathrm{T}}') \frac{U_{2\mathrm{e}}}{U_2'} = (111.55 \text{ kV} - 2.36 \text{ kV}) \times \frac{10 \text{ kV}}{10.35 \text{ kV}} = 105.50 \text{ kV}$$

选分接头$-6 \times 1.25\%$，最大负荷时高压侧电压：

$110 \text{ kV} \times (1 - 6 \times 1.25\%) = 101.75 \text{ kV}$；

选分接头$-3 \times 1.25\%$，最小负荷时高压侧电压：

$110 \text{ kV} \times (1 - 3 \times 1.25\%) = 105.875 \text{ kV}$；

② 根据所选分接头校验低压母线实际电压：

$$U_{2,\max} = (108.89 \text{ kV} - 3.88 \text{ kV}) \times \frac{10 \text{ kV}}{101.75 \text{ kV}} = 10.32 \text{ kV}$$

$$U_{2,\min} = (111.55 \text{ kV} - 2.36 \text{ kV}) \times \frac{10 \text{ kV}}{105.875 \text{ kV}} = 10.31 \text{ kV}$$

因此满足调压要求。故变压器在最大负荷时分接头选择$-6 \times 1.25\%$，最小负荷时分接头选择$-3 \times 1.25\%$。

2. 220 kV 变电站的分接头

某 220 kV 变电站，现有 2 台 180 MV·A 主变，各侧容量 180/180/90 MV·A，电压等级 220/110/10 kV。变电站高峰负荷按主变 110% 负载率考虑，变电站低谷负荷按主变 40% 负载率考虑，每台主变安装 2 组 6 MVar 电容器和 4 组 6 MVar 电抗器。试选择主变压器分接头。

PSASP 程序中，首先输入基础数据再进行潮流计算，根据主变三侧电压计算结果，调整主变压器分接头,使得各侧电压均在国标要求范围内。

　　以低谷负荷为例,每台主变分别接 3 绕组电抗器后,根据潮流结果,高压侧电压不满足要求,通过调整 PSASP 程序变压器分接头设置(高压侧调至 13 档),如图 4-2 所示,调整后三侧电压计算结果如表 4-1 所列。此时电压满足要求。

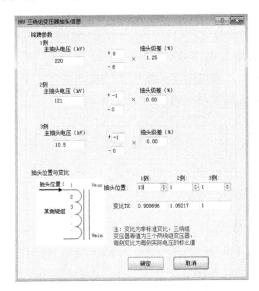

图 4-2　PSASP 程序变压器分接头设置

　　说明:图 4-2 中 1 侧分接头位置对应表 4-1 中负荷低谷 $220 \times (1-5 \times 1.25\%)$。

表 4-1　调相调压计算结果表

计算方式	主变抽头电压/kV	各侧负荷		各侧电压/kV			电容(一)/电抗(+)投切/MVar	电压波动/%
				220	110	10		
高峰	$220+1 \times 1.25\%$ /115/10.5	110 kV	125.4+j41.22	230.24	111.68	10.16	$-1 \times (1 \times 6)$	2.47
		10 kV	62.7+j20.61					
		110 kV	125.4+j41.22	230.46	112.37	10.42	$-2 \times (2 \times 6)$	
		10 kV	62.7+j20.61					
低谷	$220-1 \times 1.25\%$ /115/10.5	110 kV	45.65+j9.27	229.68	115.12	10.26	$+1 \times (1 \times 6)$	2.13
		10 kV	22.82+j7.5					
		110 kV	45.65+j9.27	229.50	114.52	10.05	$+2 \times (2 \times 6)$	
		10 kV	22.82+j7.5					
	$220-5 \times 1.25\%$ /115/10.5	110 kV	45.65+j9.27	229.30	116.94	10.10	$+2 \times (3 \times 6)$	1.93
		10 kV	22.82+j7.5					
		110 kV	45.65+j9.27	229.11	116.37	9.90	$+2 \times (4 \times 6)$	
		10 kV	22.82+j7.5					

二、调节无功功率的电压

A 变电站潮流计算结果如图 4-3 所示,图中 A 变电站 110 kV 正母线电压较低(111.29 kV),试调整无功功率将其电压提高至 115 kV～116 kV 范围内。

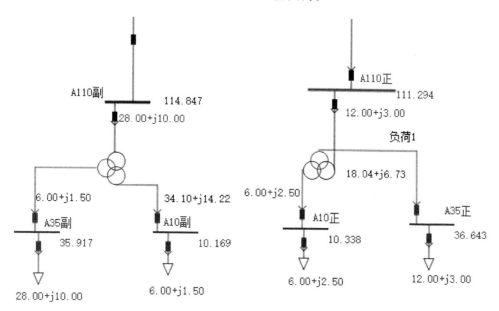

图 4-3 潮流计算结果图

图 4-4 中的 A 变电站 110 正母线上新增一负荷 1;负荷无功试取 -0.1(标幺值)即无功负荷数据设置图,如图 4-5 所示。

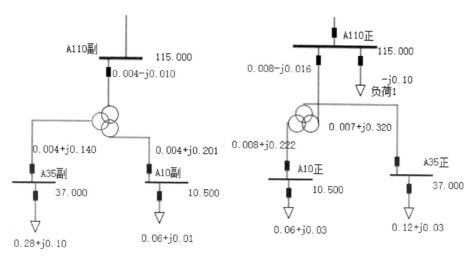

图 4-4 无功负荷设置图(A 变电站 110 kV 正母线无功设为 -10 MVar)

刷新数据并进行潮流计算,计算结果见图 4-6,A 变电站 110 正母线变为 112.322 kV,电压稍高。

图 4 - 5　无功负荷数据设置图(A 变电站 110 kV 正母线无功设为一10 MVar)

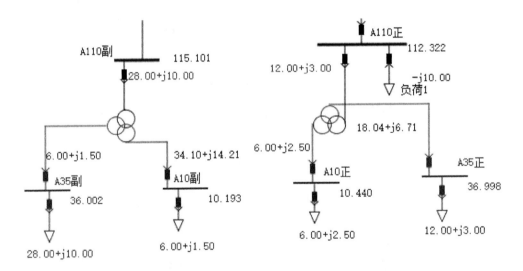

图 4 - 6　潮流计算结果图(A 变电站 110 kV 正母线无功设为一10 MVar)

在程序潮流计算模式下对潮流计算数据进行更改,负荷 1 数据更改为一0.4(标幺值)(见图 4 - 7)。

潮流计算后,其结果为 115.759 kV,如图 4 - 8 所示,满足要求。

图 4 - 7　无功负荷数据设置图(A 变电站 110 kV 正母线无功设为－40 MVar)

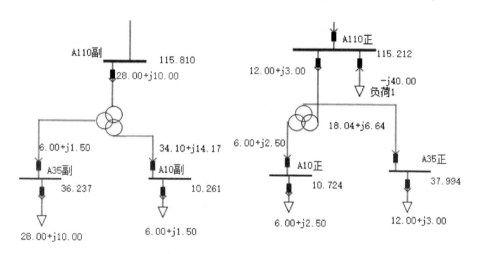

图 4 - 8　潮流计算结果图(A 变电站 110 kV 正母线无功设为－40 MVar)

第五章　中性点接地方式

第一节　中性点接地方式概述

一、中性点接地方式简介

电力系统的中性点接地方式是一个综合性的技术问题,它与系统的供电可靠性、人身安全、设备安全、绝缘水平、过电压保护、继电保护、通信干扰(电磁环境)及接地装置等问题有密切的联系。

我国早期曾将电力系统中性点接地方式分为大接地短路电流系统和小接地短路电流系统两类。因电流大小难以确定,后改为中性点有效接地系统和中性点非有效接地系统。

中性点有效接地包括直接接地或经低值电阻器、低值电抗器接地;中性点非有效接地系统包括谐振(消弧线圈)接地、高值电阻接地和不接地。

我国中压电网中,80%以上的故障是单相接地引起的,架空线为主的电网单相故障中绝大多数为瞬时性故障,而架空线供电又是中压电网的主要形式。合理选用中性点接地方式,可以减少线路故障跳闸次数,提高供电的可靠性。在电网发展变化比较大的地区,合理选用中性点接地方式,可以减少设备的频繁改造和更换,以减少投资。

二、中性点接地方式种类

1. 中性点有效接地方式

系统在各种条件下应该使零序与正序电抗之比(X_0/X_1)为正值并且小于3,且零序电阻对正序电抗(R_0/X_1)之比为正值并且不大于1。中性点直接接地、中性点经小电抗接地和中性点经小电阻接地均属于该类系统。

南京地区主变压器110 kV侧中性点采用直接接地方式(有效接地),通过隔离开关投切。在实际运行中,变压器中性点接地点的数量应使电网所有短路点的综合零序电抗与综合正序电抗之比$X_0/X_1 < 3$,以使单相接地时健全相上工频过电压不超过避雷器的灭弧电压;X_0/X_1应为1~1.5间,使单相接地短路电流不超过三相短路电流。

系统中性点经一定阻值的电阻接地,小电阻的选择应使系统发生接地故障时,有足够电流满足继电保护快速性和选择性的要求,一般限制单相接地故障电流为100~1 000 A。对于一般系统,限制瞬态过电压的准则是(R_0/X_0)≥2。其中X_0是系统等值零序感抗。

中性点小电阻接地,内部过电压(含弧光过电压、谐振过电压)水平低,可迅速切除接地故障线路。但接地故障入地电流大,地电位升高比中性点不接地或谐振接地、高阻接地等高;需校验对通信的干扰程度、需验证地电位的提高(小于2 000 V)、跨步电压、接触电势是否在规程规定以内。

2. 中性点非有效接地方式

系统在各种条件下应该使零序与正序电抗之比(X_0/X_1)大于3。中性点不接地、中性点经消弧线圈接地和中性点经高电阻接地均属于该类系统。

中性点不接地系统中,一相接地将使另两相对地电容通过电源电感再充电产生的过电压,称为电弧接地过电压,又称弧光过电压。接地电弧过零熄火后,它们多余的电荷将通过电源电感对原故障相对地电容释放,再加上该相的电源电压,在其上产生恢复电压,导致电弧重燃。过电压=2×稳态值−起始值,其幅值随着电弧重燃次数的增多而增大。单相刚接地(第一次接地)时产生的过电压最大值可达2.3~2.5 pu,实测中性点不接地和谐振接地中的单相间歇性电弧接地时产生的过电压值可达2.3~2.5 pu。

运行中单相接地情况是:间歇性电弧接地→稳定电弧接地→金属性接地。间歇性电弧接地,持续时间可达0.2~2 s,然后成稳定电弧接地,持续时间可达2~10 s,最后,故障点被烧熔成为金属性接地,即所谓永久性故障接地。其中间歇性电弧接地时间虽短,但其在非故障相上发生的弧光接地过电压最大,通过故障点的高频振荡电流最大,因而危害最大。

在以架空线为主的电网中,中性点不接地电网由于一相发生接地故障时,流过故障点的电容电流较小,雷击绝缘闪络瞬时故障可自己清除或接地电弧自行熄灭,从而电网可自行恢复正常运行,有利于提高电网供电的可靠性和持续性。而且接地电流小,降低了地电位升高,减小了跨步电压和接触电压,减小了对信息系统的干扰和对低压网络的反击等。

单相接地使得故障电流随着线路长度增加和电力系统标称电压提高而增大,这使电弧接地故障难以自动清除,呈现熄弧和重燃交替进行的状态,从而在非故障相产生较高的弧光接地过电压。这个过电压对于正常电气绝缘来说应能承受,但对于弱绝缘设备(如电缆)就容易发生击穿,且间歇性电弧接地故障时产生的高频振荡电流大,达数百安培,可能引发相间短路。此外,至目前为止,接地点定位困难,不能正确迅速切除接地故障线路。

系统中性点经过一定阻值的电阻接地,一般限制单相接地故障电流小于10 A。高电阻接地系统的设计应符合$R_0 \leqslant X_{C0}$(R_0是系统等值零序电阻,X_{C0}是系统每相的对地分布容抗)的准则,以限制由于间隙性电弧接地故障产生的瞬态过电压。

中性点高阻接地可防止阻尼谐振过电压和间歇性电弧接地过电压在2.5 pu及以下,接地电流在10 A以下。中性点高阻接地减小了地电位升高,接地故障可以不立即清除,因而可带单相接地故障运行。但使用范围受到限制,适用于某些小型6~10 kV配电网和发电厂的厂用电系统。

三、中性点接地方式选用技术原则

近年来,对于中性点接地方式的讨论及实际应用是全国范围内的热点课题之一,到目前为止尚未有一个结论性的总结,但主流的观点是具体情况具体分析,具体对待。

1. 消弧线圈接地

不直接连接发电机的10 kV、20 kV和35 kV架空线路系统(一般变电站出线电缆总长度小于1 km,其余均为架空线路的线路),当单相接地故障电容电流不超过下列数值时,应采用不接地方式;当超过下列数值,又需在接地故障条件下运行时,宜采用消弧线圈接地方式:

① 10 kV、20 kV和35 kV钢筋混凝土或金属杆塔的架空线路构成的系统,10 A。

② 10 kV 和 20 kV 非钢筋混凝土或非金属杆塔的架空线路构成的系统,20 A。

③ 10 kV、20 kV 和 35 kV 由电缆和架空线路构成的混合配电系统,变电站每段母线单相接地故障电容电流小于 100 A(35 kV 系统为 50 A)时,运行中应投入保护装置中的重合闸功能。

2. 小电阻接地

10 kV、20 kV 和 35 kV 全电缆线路构成的中压配电系统,宜采用中性点经小电阻接地方式,此时不宜投入线路重合闸功能;10 kV、20 kV 和 35 kV 由电缆和架空线路构成混合配电系统,规定如下:

① 变电站每段母线单相接地故障电容电流大于 100 A(35 kV 系统为 50 A)时,宜采用小电阻接地方式。

当单根电缆电容电流较大时,小电阻接地系统也可以采用加装适当补偿的方法提高继电保护灵敏度。

② 当变电站单相接地故障电流中的谐波分量超过 4%,且每段母线单相接地故障电容电流大于 75 A 时宜采用小电阻接地方式。

③ 系统变化不确定性较大、电容电流增长较快的主城区,无论是否全电缆系统都可以采用小电阻接地系统。

④ 6 kV~35 kV 主要由电缆线路构成送、配电系统,若单相接地故障电容电流较大时,可采用低电阻接地方式,但应考虑供电可靠性要求,故障时瞬态电压和瞬态电流对电气设备、通信设施的影响和继电保护技术要求以及本地的运行经验等。

对于 10 kV、20 kV 纯架空线路构成的配电系统,单相接地故障电容电流小于 10 A 时,一般应采用不接地方式。

采用小电阻接地方式的 10 kV、20 kV 和 35 kV 系统,杆塔接地电阻安全性校核(接触电压、跨步电压)的故障持续时间应按照后备保护动作时间考虑,一般为 1.3~1.5 s。

小电阻接地系统中架空线路应采用绝缘导线,以减少瞬时性接地故障,并应采取相应的防雷击断线措施,如装设带外间隙的避雷器、防弧线夹或架设架空屏蔽线等措施。

采用消弧线圈接地和小电阻接地方式时,系统设备的绝缘水平宜按照中性点不接地系统的绝缘水平选择。

第二节　消弧线圈装置的选择和应用

一、消弧线圈装置概述

中性点设置消弧线圈的目的就是使经消弧线圈流入接地电弧道的电感性电流抵消经健全相流入该处的电容性电流,从而使接地电流大大减小,并减缓电弧熄灭瞬时故障点恢复电压的上升速度。

消弧线圈接地系统正常运行情况下,中性点长时间电压偏移不应超过相电压的 15%,以防止正常运行时引发铁磁谐振过电压。在实际工程中一般通过在回路中加入阻尼电阻与消弧线圈串联或并联电阻,或调整消弧线圈电感,使 LC 不完全谐振来实现。

谐振接地继承了不接地系统的优点,且大大减小故障点接地电流,当残流小于 10 A 时,电弧可以自熄,从而降低了单相接地的建弧率,使出现最大幅值弧光过电压概率大大降低。由于残流较小,可以带故障运行,提高了供电可靠性。当配置性能可靠的选线装置时,可迅速切除故障。

对于以电缆为主的线路,单相接地故障多为系统设备在一定条件下由于自身绝缘缺陷造成的击穿,多为永久性故障,且接地残流较大,电弧不易自行熄灭(电缆接地电弧为封闭性电弧,且弧光能自行熄灭的数值远小于规程所规定的数值,对交联聚乙烯电缆仅为 5 A)。不及时切除,则系统带故障运行时,弧光接地过电压有可能导致电缆绝缘层遭到破坏,从而导致相间故障,造成一线或多线跳闸或更为严重的事故。

南京地区目前推广"中性点经消弧线圈并联电阻接地消弧选线"的方案,系统发生单相接地后,对瞬时接地故障,由于流过消弧线圈的感性电流与流入接地点的容性电流相位相反,接地弧道中所剩残流很小,瞬时接地故障将自行消失,如果是稳定接地,延时(时间可任意设定)后由计算机控制投入并联电阻(投入时间小于 1 s),产生一定的有功电流,该电流流向接地线路,计算机对所有出线零序电流进行快速同步采样并进行数据处理,由于接地线路和正常线路在并联电阻投入后零序电流信号差异显著,故可准确选择故障线路。如果计算机设定需要跳闸,控制器可对故障线路进行跳闸处理。

户外安装的消弧线圈装置,应选用油浸式铜绕组,户外预装式或组合式消弧线圈装置,可选用油浸式铜绕组或干式铜绕组;户内安装的消弧线圈装置选用干式铜绕组。

消弧线圈装置应能自动跟踪系统电容电流并进行调节。自动跟踪的消弧线圈宜并联中电阻(小电阻)和相应的故障选线装置,以提高故障选线的正确性,及时隔离故障线路。

消弧线圈的容量应根据系统 5～10 年的发展规划确定,一般按下式计算:

$$W = kI_{c}U_{n}/\sqrt{3} \tag{5-1}$$

式中:

　　W——消弧线圈的容量,kV·A;

　　k——发展系数,取值范围 1.35～1.6;

　　I_{c}——当前系统单相接地电容电流,A;

　　U_{n}——系统标称电压,kV。

自动跟踪的消弧线圈装置应满足《自动跟踪补偿消弧装置技术条件》(DL/T 1057—2007)的要求,另外,运行中还应满足:

① 正常运行情况下,中性点位移电压不应超过系统标称相电压的 15%。

② 消弧线圈宜采用过补偿运行方式,经消弧线圈装置补偿后接地点残流不超过 5 A。

③ 安装消弧线圈装置的系统在接地故障消失后,故障相电压应迅速恢复至正常电压,不应发生任何线性或非线性谐振。

④ 调匝式消弧线圈装置的阻尼电阻值应有一定的调节范围,以适应系统对称度发生变化时,不应误发系统接地信号或发生线性串联谐振。阻尼电阻的投入和退出应采用不需要分合闸信号和电源的电力电子设备,禁止使用需要分合闸电源的接触器等设备。阻尼电阻的投入和退出不应人为的设置动作时延。

⑤ 消弧线圈装置本身不应产生谐波或放大系统的谐波,影响接地电弧的熄灭。在某些运行方式下,调容式消弧线圈会放大系统的谐波电流,一般不推荐采用(调容和调匝相结合的消弧线圈除外)。

⑥ 消弧线圈装置的控制设备应具有良好的抗电磁干扰水平,一般应达到 3 级。消弧线圈装置的控制系统允许瞬时出现死机现象,但应能迅速自行恢复。

⑦ 消弧线圈装置应采用带录波系统和通用网络接口,以便于故障分析和远方调用消弧线圈装置的动作信息。

二、中性点电阻装置的选择和应用

中性点接地电阻装置应满足《配电系统中性点接地电阻器》(DL/T 780—2001)的要求;同时,接地电阻装置电阻值的选择应综合考虑继电保护技术要求、故障电流对电气设备和通信的影响,以及对系统供电可靠性、人身安全的影响等。电阻值的选择应限制金属性单相接地短路电流为 300～600 A。

中性点电阻值选择范围如下:

- 10 kV 系统,10～20 Ω;
- 20 kV 系统,20～40 Ω;
- 35 kV 系统,35～70 Ω。

当消弧线圈并联中值电阻后,若发生单相接地,如果不是瞬时接地,并联电阻投上时间不超过 4 s,则其短时热容量可被接地变短时过载容量消化,故可不考虑其影响。IEEE-C62.92.3 标准对过载系数和过载时间的规定如表 5-1 所列。

表 5-1　过载系数和过载时间

过载时间	额定 kV·A 倍数(短时容量/额定容量)
10 s	10.5
60 s	4.7
10 min	2.6
30 min	1.7
2 h	1.4

消弧线圈接地的原理是消弧线圈的稳态工频感性电流对电网稳态工频容性电流调谐,故称谐振接地。南京供电公司目前采用的是微机调谐的方式,而微机调谐是根据电网的脱谐度进行调节的:

$$\varepsilon = \frac{I_L - I_C}{I_C} \tag{5-2}$$

式中:

ε——脱谐度;

I_L——消弧线圈的电感电流,A;

I_C——电网的电容电流,A。

控制器以脱谐度和残流为判断依据。投运前先将脱谐度的范围设定为 $\varepsilon_1 \sim \varepsilon_2$,当系统的脱谐度超出此范围时,调谐器发出指令,控制电机来调整消弧线圈的有载开关,使调整后的脱谐度和残流满足要求。

必须指出的是,接地电流中的阻性电流和高频电流都不能靠消弧线圈的电感电流补偿,其中高频电流约为电容电流的 5%～30%。故补偿后的接地残流为电感(电容)电流、阻性电流和高频电流的向量和。

阻尼电阻设在消弧线圈接地端,目的是在系统正常运行时限制谐振过电压。故障时系统的零序电流为:

$$\dot{I}_0 = \frac{U_0}{R + j(X_L - X_C)} \tag{5-3}$$

式中:

I_0——系统零序电流,kA;

U_0——系统不对称电压,kV;

R——阻尼电阻,Ω;

X_L——消弧线圈的感抗,Ω;

X_C——系统等效容抗,Ω。

中性点位移电压为:

$$U_n = I_0(R + jX_L) = \frac{U_0(R + jX_L)}{R + j(X_L - X_C)} \tag{5-4}$$

显然,增加阻尼电阻的目的是当系统发生谐振时(即 $X_L = X_C$),增加系统零序回路阻抗,防止谐振过电压,以保证中性点的位移电压 U_n 小于 15% 相电压,维持系统的正常运行。

三、计算实例

如图 5-1 所示 10 kV 系统中,$C_1 = 6\ \mu F$,$C_2 = 7\ \mu F$,$C_3 = 8\ \mu F$。接地回路总电阻 $R = 609\ \Omega$。求:

① 中性点不接地时 10 kV 系统的不对称电压。

② 中性点经消弧线圈接地时的最大位移电压。

解:

① 中性点不接地时,各相对地电压不等,中性点将出现不对称电压 U_0,则

$$\dot{I}_a = j\omega C_1 \cdot (U_0 + U_1)$$

$$\dot{I}_b = j\omega C_2 \cdot (U_0 + U_2)$$

$$\dot{I}_c = j\omega C_3 \cdot (U_0 + U_3)$$

$$\dot{U}_1 = \frac{U_N}{\sqrt{3}} = \frac{10\ 500\ V}{\sqrt{3}} = 6\ 062\ V$$

$$\dot{U}_2 = U_1 \cdot e^{-j120°} = -\left(\frac{1}{2} + j\frac{\sqrt{3}}{2}\right)U_1$$

$$\dot{U}_3 = U_1 \cdot e^{j120°} = -\left(\frac{1}{2} - j\frac{\sqrt{3}}{2}\right)U_1$$

根据基尔霍夫定理:

$$\dot{I}_a + \dot{I}_b + \dot{I}_c = 0$$

则

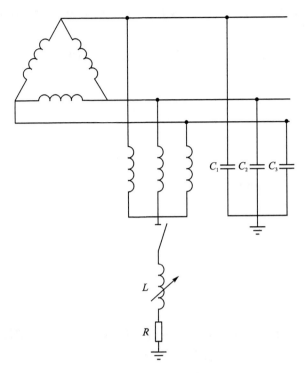

图 5 - 1　10 kV 系统算例图

$$(C_1 + C_2 + C_3)\dot{U}_0 + \dot{U}_1\left[C_1 - \left(\frac{1}{2} + j\frac{\sqrt{3}}{2}\right)C_2 - \left(\frac{1}{2} - j\frac{\sqrt{3}}{2}\right)C_3\right] = 0$$

$$\dot{U}_0 = \frac{\dfrac{1}{2}(2C_1 - C_2 - C_3) + j\dfrac{\sqrt{3}}{2}(C_3 - C_2)}{C_1 + C_2 + C_3}U_1$$

$$|\dot{U}_0| = \frac{\sqrt{\dfrac{1}{4} \times 9 + \dfrac{3}{4} \times 1}}{21}U_1 = \frac{\sqrt{3}}{21} \times 6\ 062\ \text{V} = 500\ \text{V}$$

② 中性点经消弧线圈接地时,等效电路图如图 5 - 2 所示。

$$I_0 = \frac{U_0}{R + j\left(\omega_L - \dfrac{1}{\omega C_1 + \omega C_2 + \omega C_3}\right)}$$

显然,当 $\omega L = \dfrac{1}{\omega C}$ 时

$$\omega L = \frac{1}{\omega C} = \frac{10^6}{2 \times 3.14 \times 50\ \text{Hz} \times (6 + 7 + 8)\ \mu\text{F}} = 151.65\ \Omega$$

中性点经消弧线圈接地时,中性点最大电压偏移

$$U_n = I_0 \sqrt{(\omega L)^2 + R^2} = \frac{500\ \text{V}}{609\ \Omega}\sqrt{(151.65\ \Omega)^2 + (609\ \Omega)^2} = 0.52\ \text{kV}$$

注意:实际工程中,采用减小中性点电压不对称度和增大阻尼,使中性点接入消弧线圈后的电压偏移小于 15% 额定相电压。

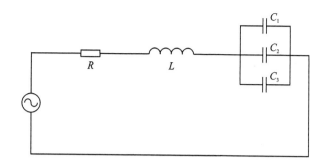

图 5-2　中性点经消弧线圈接地等效电路图

第三节　接地变压器的选择和应用

一、接地变压器简述

南京地区的主变压器 10 kV 侧均为△形接线,故在 10 kV 母线设曲折型接地变压器,人为制造中性点,曲折型变压器的最大特点是零序阻抗小,正序激磁电流小,阻抗较大,单相接地故障发生时,故障电流可以均匀分配到三相绕组中。对于稳态而言,绕组中流过的电流就是消弧线圈的电感电流,其容量等于消弧线圈容量,若接地变压器变兼作所用变压器时,则接地变容量还需加上所用变容量。Z 形接地变压器的接地原理如图 5-3 所示。

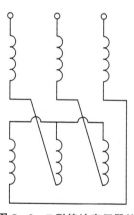

图 5-3　Z 形接地变压器的
接地原理图

Z 形接地变压器的结构特点:将三相铁芯的每个芯柱上的绕组平均分为两段,两段绕组极性相反,三相绕组按 Z 型连接法接成星形接线。

Z 形接地变压器的电磁特性:对正序、负序电流呈高阻抗(相当于激磁阻抗),绕组中只流过很小的激磁电流。由于每个铁芯柱上两段绕组绕向相反,同芯柱上两绕组流过相等的零序电流时,两绕组产生的磁通相互抵消,所以对零序电流呈现低阻抗(相当于漏抗),零序电流在绕组上的压降很小。

因经电阻接地电网发生单相接地故障时,高灵敏度的零序保护可准确判断并短时切断故障线路。接地变压器仅在故障接地至故障线路切除这段时间内流过故障电流。故其运行特点是:长时间空载,短时间过载。

二、接地变压器容量的选择

1. 电流折算法

所谓的电流折算法就是将流经变压器的 10 s 短时允许电流折算成持续电流,从而计算出接地变压器容量。具体算法如下:

① 接地变压器的绕组(铜)的 2 s 允许电流密度为 $\delta_{max}=85$ A/mm^2。

② 国产小型变压器的最佳电流密度 δ_j(连续运行额定电流绕组导线截面)一般为(2～3)A/mm^2,计算取 $\delta_j=2.5$ A/mm^2。

③ 2 s 内最大允许电流 I_{2s} 与连续运行额定电流 I_n 的折算系数为

$$k_f=\frac{I_{2s}}{I_n}=\frac{\delta_{max}}{\delta_j}=\frac{85\ \text{A/mm}^2}{2.5\ \text{A/mm}^2}=34$$

④ 10 s 短时允许电流折算为 2 s 短时允许电流:接地变通过 10 s 短时允许电流时,考虑到变压器的热惰性,线圈中的热量来不及散发,故可按绝热过程来计算,即

$$I_{10s}^2\times R_n\times 10=I_{2s}^2\times R_n\times 2 \tag{5-5}$$

$$I_{2s}=\sqrt{5}\times I_{10s} \tag{5-6}$$

⑤ 根据折算出的 2 s 短时允许电流,再折算出持续运行额定电流

$$I_n=\frac{I_{2s}}{k_f} \tag{5-7}$$

⑥ 计算接地变连续运行的额定容量为

$$S_n=U_N\times I_n\times K_2 \tag{5-8}$$

2. 允许过载倍数法

所谓允许过载倍数法,就是先计算出接地变压器 10 s 短时通流容量,然后根据表 5-1 查找变压器 10 s 的允许过载倍数,最后折算出连续运行的额定容量。当接地变压器兼做所用变压器使用时,其一次侧容量应为接地容量与所用容量之和。

① 接地变压器 10 s 短时通流容量

$$S_{10s}=U_N\times I_{10s} \tag{5-9}$$

② 接地变压器的持续运行额定容量

$$S_n=\frac{S_{10s}}{K_3} \tag{5-10}$$

式(5-6)～式(5-10)中:

I_{2s}——接地变压器 2 s 短时允许电流,kA;

I_{10s}——接地变压器 10 s 短时允许电流,kA;

U_N——接地变压器额定电压,kV;

S_n——接地变压器额定容量,MV·A;

I_n——接地变压器额定电流,kA;

S_{10}——接地变压器 10 s 短时通流容量,MV·A;

R_n——接地变压器电阻,Ω;

K_2——为保证接地变安全可靠运行的可靠系数,一般 K_2 取 1.5～2;

K_3——为表 5-1 中的额定 kV·A 倍数。

三、计算实例

中性点经中值电阻接地的配电网,已知条件如下:

系统参数:

系统额定电压 $U_n=10.5$ kV

系统额定相电压 $U_\varphi = 6\ \text{kV}$

所用变容量 $S_{n2} = 100\ \text{kV} \cdot \text{A}$

接地电阻参数：

短时允许相电流 $I_{10s} = 100\ \text{A}$

标称电阻值 $R_n = 60\ \Omega$

短时通流时间 10 s

试计算接地变压器额定容量。

1. 电流折算法

$$I_{2s} = \sqrt{5} \times I_{10s} = \sqrt{f} \times 100\ \text{A} = 223.6\ \text{A}$$

$$I_n = \frac{I_{2s}}{k_f} = \frac{223.6\ \text{A}}{34} = 6.58\ \text{A}$$

$$S_{n1} = U_\varphi \times I_n \times K_2 = 6\ \text{kV} \times 6.58\ \text{A} \times 2 = 78.96\ \text{kV} \cdot \text{A}$$

$$S_n = S_{n1} + S_{n2} = (78.96 + 100)\ \text{kV} \cdot \text{A} = 178.96\ \text{kV} \cdot \text{A}$$

2. 允许过载倍数法

$$S_{10s} = U_\varphi \times I_{10s} = 6\ \text{kV} \times 100\ \text{A} = 600\ \text{kV} \cdot \text{A}$$

$$S_{n1} = \frac{S_{10s}}{K_3} = \frac{600\ \text{kV} \cdot \text{A}}{10.5} = 57.14\ \text{kV} \cdot \text{A}$$

$$S_n = S_{n1} + S_{n2} = (57.14 + 100)\ \text{kV} \cdot \text{A} = 157.14\ \text{kV} \cdot \text{A}$$

第六章　无功补偿

第一节　无功补偿概述

电力系统中大量的负荷是电感性的,因此可将吸收感性无功功率的负荷称为"无功负荷",而将吸收容性无功功率的设备称为"无功电源"。凡是接于单相和三相交流电网并按电磁感应原理工作的电气设备,在建立磁场工作时,均要消耗无功功率。无功功率是用于电路内电场与磁场的交换,并用来在电气设备中建立和维持磁场的电功率。无功电流滞后电网电压约 90°,不参与能量转换。变压器、电动机等都是靠电磁能量的变换而进行工作,通常通过变压器、电动机的电流中约有 20% 以上是无功电流。

在公用电网和企业电网中,无功电流是不希望出现的现象。无功电流会加重发电机、输电线路和变压器的负荷,产生损耗,影响输配电系统的经济性。显然,这些无功功率如果均要由发电机提供并经过长距离传送是不合理的,通常也是不可能的。交流电每秒钟电流方向需改变 100 次,因此电力设备每秒钟也要吸收和放出无功多次。每交换一次,无功都要在整个电力系统中旅行,这不仅要造成大量电力损失,而且往往在无功来回转换中产生很高的过电压。因此合理的方法即是在需要消耗无功功率的地方产生无功功率,减少电网电源向感性负荷提供、由线路输送的无功功率(即减少无功功率在电网中的流动),这就是无功功率的平衡。

无功功率的平衡,是交流电网中一个很重要的问题,通过合理的无功补偿设置,可以提高供电系统及负载的功率因数,降低设备容量,减少功率损耗,稳定受电端及电网的电压,提高供电质量;长距离输电中在合适的地点设置动态无功补偿装置还可以改善输电系统的稳定性,提高输电能力;在电弧炉炼钢、电气化铁道等三相负载不平衡的场合,通过适当的无功补偿可以平衡三相的有功及无功负载。由此可见,大量的终端变电站无功补偿的设计是变电站设计中的一个重要课题,它对于降低线路输送无功功率,提高功率因数,保证电力系统的电能质量和降损,保证电网的安全和稳定运行都起着至关重要的作用。

电网规划根据各水平年、各负荷点的负荷及可靠性要求,确定了变电容量的配、线路回路数及导线截面和接线方式等。但是,这样还不能保证各用户端的电压达到国家和地区规定的要求。因为做电网网架规划时是以最大负荷为依据,而实际运行时,负荷是变化的,功率因数也是变化的,通过线路的有功、无功功率都与规划计算时大不相同,因此,导致某些负荷点的电压"越限"(过高或过低)。为了使越限的电压恢复正常,必须采取无功补偿。所谓无功补偿,就是吸收或供给适度可变的无功功率,使通过线路的无功潮流最小。

无功补偿装置很多,根据《电力系统电压和无功电力技术导则》(DL/T 1773—2017),目前 35 kV～110 kV 变电站无功补偿装置一般均选用并联电容器组。高压并联电容器组的设计是终端变电站无功补偿设计的基本部分。

第二节　无功平衡原则和计算

合理的无功补偿配置是电网安全经济运行的重要保障之一。近年来,城市电网电缆日益增加、集中式和分布式能源的快速发展以及各类无功补偿新技术的应用,电网电压运行面临着新的问题。部分地区尤其是城市中心区域,电缆化率高导致充电功率大难以就地平衡,变电站容性无功补偿闲置而感性无功补偿不足,变电站运行电压高,且存在负荷水平较低时向上级变电站倒送无功功率的现象。

一、无功平衡分析原则

根据《电力系统无功补偿配置技术导则》(Q/GDW 1212—2015),500 kV 变电站容性无功补偿容量宜按照主变压器容量的 10%～20% 配置;500 kV 变电站选择在主变压器低压侧进行补偿时,电抗器组的作用主要是补偿高压、超高压、特高压输电线路的剩余充电功率,其容量应根据电网结构和运行的需要而确定。

在主变压器最大负荷运行工况下,220 kV 变电站容性无功补偿容量应按主变压器容量的 10%～25% 配置,或经过计算后确定,并测算满足高压侧功率因数不低于 0.95 的要求;220 kV 变电站每一台变压器的感性无功补偿装置容量不宜大于主变压器容量的 20%,或经过技术经济比较后确定,所配置的感性无功补偿装置主要用于补偿线路剩余充电功率,使高峰负荷时变压器 220 kV 侧功率因数达到 0.95 以上。

《电力系统电压和无功电力技术导则》(DL/T 1773—2017)规定:在系统轻负荷时,对 110 kV 及以下变电所,当电缆线路较多且在切除并联电容器组后,仍出现向系统侧送无功电力时,应在变电所中、低压母线上装设并联电抗器;对 220 kV 变电站,在切除并联电容器后,其一次母线功率因数高于 0.98 时,应装设并联电抗器。

《国家电网公司电力系统电压质量和无功电力管理规定》(国家电网生〔2009〕133 号)第二十一条指出:"新建变电站和主变压器增容改造时,应合理确定无功补偿装置容量,以保证 35～220 kV 变电站在主变压器最大负荷时,其高压侧功率因数应不低于 0.95;在低谷负荷时功率因数不应高于 0.95,且不应低于 0.92。"主变高峰负荷时一次侧功率因数可按 0.95 计算。低谷负荷时功率因数按《国家电网公司电力系统电压质量和无功电力管理规定》考虑。无功补偿配置应采取就地平衡的原则,做到分层分区平衡。

《电力系统无功补偿配置技术导则》(Q/GDW 1212—2015)规定:35 kV～220 kV 变电站配置的无功补偿装置,在高峰负荷及低谷负荷情况下,高压侧功率因数应满足:在高峰负荷时功率因数不低于 0.95,在低谷负荷时功率因数不高于 0.95。

1. 500 kV 及以上电网无功补偿

① 500 kV 及以上电压等级电网输电线路充电功率应通过线路高抗和变电站低抗全部予以补偿。1 000 kV 并联电抗器容量通过计算可采用 240 MVar～960 MVar,低压电抗器单组容量一般选用 240 MVar;500 kV 并联电抗器容量通过计算可采用 90 MVar～150 MVar,低压电抗器单组容量一般选用 60 MVar。

② 500 kV 及以上电压等级变电站容性无功补偿用以补偿主变压器无功损耗以及输电线路输送容量较大时电网的无功缺额,容性无功补偿以低压侧电容器为主,1 000 kV 并联电容

器单组容量一般选用 210 MVar,500 kV 并联电容器单组容量一般选用 60 MVar。

③ 1 000 kV 变电站一般按照每组主变预留 8 组低压无功补偿装置位置;500 kV 变电站一般按照每组主变预留 4 组低压无功补偿装置位置。

④ 500 kV 及以上电压等级线路并联电抗器需根据线路具体情况通过计算论证是否需要,1 000/500 kV 变电站低压侧感性无功补偿用以平衡变电站平衡范围内剩余充电功率。1 000 kV 变电站高压侧和低压侧感性无功补偿容量应能全部补偿各侧进出线充电功率的一半,500 kV 变电站高压侧和低压侧感性无功补偿容量应能全部补偿 500 kV 进出线充电功率的一半(其中与直流换流站、电厂的连接线路在变电站侧全部考虑)。

⑤ 500 kV 变电站容性无功补偿容量通过计算确定,容性无功补偿容量需满足变电站有功功率为稳定限额时的无功损耗,变电站容性无功补偿应大于变电站最大负载时无功损耗与平衡范围内剩余充电功率之差。

⑥ 原则上存在感性无功缺额的变电站均需在本站配置满足自身平衡的电抗器,对于本站已无安装位置或其他原因本站无法配置时,可考虑在相邻 500 kV 变电站低压侧进行补偿。

⑦ 已有 500 kV 变电站扩建、开关站加主变或以开断环入方式接入系统的新建 500 kV 变电站,感性无功补偿宜兼顾相邻 500 kV 变电站感性无功补偿盈缺情况,即将 500 kV 平衡范围扩大到相邻变电站,扩建或开断环入新建变电站电抗器配置需满足线路充电功率净增量。

⑧ 新建 500 kV 变电站以开断环入方式接入已配置高抗的线路时,需通过计算确定高抗运行是否存在谐振风险而需要退出运行,退出运行的高抗不参与平衡计算。

⑨ 统一潮流控制器(UPFC)、调相机、SVG 作为动态无功储备,不参与无功平衡计算。

⑩ 与特高压直流的 1 000/500 kV 连接线路的充电功率全部在 1 000/500 kV 变电站进行补偿。直流小方式下剩余无功功率在相邻的 500 kV 变电站补偿。

⑪ 开关站不作为参与平衡计算节点,与开关站相连的线路在变电站全部补偿。

2. 220 kV 电网无功补偿

① 220 kV 电网电缆充电功率应通过变电站感性无功补偿装置全部予以补偿,低压电抗器单组容量根据电压等级一般选用 6 MVar、10 MVar。

② 220 kV 变电站容性无功补偿用以补偿主变压器无功损耗以及输电线路输送容量较大时电网的无功缺额,并兼顾 220 kV 负荷侧的无功缺额,220 kV 变电站容性无功补偿以低压侧电容器为主。

③ 220 kV 变电站一般按照每组主变预留 4 组低压无功补偿装置位置。城市中心地区新建的 220 kV 变电站可酌情增加低抗预留安装位置,以提高电网发展中电缆充电功率增加的适应性。

④ 220 kV 变电站配置的感性无功补偿容量应能补偿 220 kV 电缆进出线充电功率的一半,感性无功补偿以低压侧电抗器为主,特殊情况下无功配置的电压等级可根据供电电压要求具体计算。220 kV 变电站感性无功补偿配置需按照 220 kV 分区开展配置方案研究,分区内各变电站感性无功补偿总容量应不低于分区感性无功补偿容量需求。

⑤ 分区感性无功补偿满足平衡要求,在小方式下仍存在电压偏高的变电站可提出感性无功需求,其具体的配置容量和位置需结合变电站下级电网无功平衡情况综合分析。

⑥ 分区感性无功补偿不足且存在电压偏高的情况,该类需求应尽快实施;分区感性无功补偿不足,但上级 500 kV 变电站感性无功裕度大且分区内未出现电压偏高情况,该类需求可按需实施。

⑦ 220 kV 变电站容性无功补偿容量需通过计算确定,规划年变电站无功负荷按照变电站负荷高峰期间功率因数和有功负荷确定,容性无功补偿容量需满足变电站最大负荷时功率因数不低于 0.95。

3. 110 kV 电网无功平衡分析

① 110 kV 电网感性无功平衡计算按照已有变电站和新建变电站两类进行。

② 新建 110 kV 变电站感性无功补偿装置原则上采用低压电抗器。低压电抗器容量原则上应等于该变电站与 110 kV 电厂、与上级 220 kV 变电站、与用户相连的全部 110 kV 电缆,以及与 110 kV 变电站相连的 110 kV 电缆一半(剩余一半在对侧 110 kV 变电站补偿)、下级 10(20) kV 电缆全部充电功率之和。

③ 开断环入新建的 110 kV 变电站,或其他未增加线路的 110 kV 变电站新建工程,可考虑相邻 110 kV 变电站电抗器配置情况,适当扩大平衡范围,补偿容量经计算确定。

④ 对于电缆规模尚不明确的变电站,若新建 110 kV 变电站在城市中心地区,需安排低抗安装位置,以提高电网发展中电缆充电功率增加的适应性。A+、A 类供电区域 110 kV 变电站,主变投运时应考虑安排 1 组并联电抗器位置。

⑤ 对于存在变电站母线电压偏高或最小负荷时刻变电站高压侧功率因数高于 0.95 或为负值,且变电站平衡范围内充电功率无法全部平衡的已有 110 kV 变电站应配置低压电抗器。

⑥ 经现场评估,已有 110 kV 变电站不具备安装条件时可考虑将电抗器安装在上级 220 kV 变电站。

⑦ 110 kV 变电站感性无功补偿容量和需上级电网平衡的充电功率应不小于小方式下 110 kV 电网倒送至 220 kV 变电站的无功功率。

⑧ 新建 110 kV 变电站容性无功补偿装置原则上采用低压电容器。110 kV 变电站低压电容器容量通过计算确定,并满足 110 kV 主变压器满载时,其高压侧功率因数不低于 0.95。

⑨ 出现以下情况时,已有 110 kV 变电站应配置低压电容器:
● 存在母线电压偏低的变电站;
● 最大负荷时刻变电站高压侧功率因数偏低,不满足大于 0.95 的要求。

二、线路充电功率计算

充电功率就是线路对地电容电流产生的功率,计算公式如下:

$$Q = \frac{B}{2} \times U^2 \qquad (6-1)$$

式中:

U——线路始端电压,kV;

B——线路电纳,S。

一般计算时可参考表 6-1。

表 6-1　电缆单位充电功率

截面面积/mm²	充电功率/(MV·A/km)		
	110 kV	220 kV	500 kV
800	0.82	2.67	9.61
1 000	0.9	2.86	10.74
1 200	0.99	3.09	12.21
1 600	1.11	3.39	14.2
2 000	1.2	3.62	15.16
2 500	1.31	3.85	16.11

第三节　高压并联电容器组的设计

一、高压并联电容器组设计的总原则

根据《并联电容器装置设计规范》(GB 50227—2017),高压并联电容器组接入电网的设计应按全面规划、合理布局、分级补偿和就地平衡的原则确定最优补偿容量和分布方式,这是高压并联电容器组设计的总原则。

无功电源的安排,应在电力系统有功规划的基础上,进行无功规划。原则上应使无功就地分区分层基本平衡,按地区补偿无功负荷,就地补偿降压变压器的无功损耗,并应能随负荷(电压)变化进行调整,避免经长距离线路或多级变压器传送无功功率,以减少由于无功功率的传送而引起电网有功损耗。

二、高压并联电容器组设计

1. 高压并联电容器组的电气接线

根据《并联电容器装置设计规范》(GB 50227—2017),高压并联电容器组宜采用单星形接线或双星形接线,在中性点非直接接地的电网中,星形接线电容器组的中性点不应接地。

目前国内运行的电容器组有两类接线,三角形类(单三角形、双三角形)和星形类(单星形、双星形),系统内变电站以单星形接线最多。当三角形接线电容器组发生电容器全击穿短路时,即相当于相间短路,注入故障点的能量不仅有故障相健全电容器的涌放电流,还有其他两相电容器的涌放电流和系统的短路电流。这些电流的能量远远超过电容器油箱的耐爆能量,因而会引起油箱爆炸事故,造成严重事故。而星形接线电容器组发生电容器全击穿短路时,故障电流受到健全相容抗限制,来自系统的工频电流将大大降低,最大不超过电容器组额定电流的三倍,并且没有其他两相电容器的涌放电流,只有来自同相的健全电容器的涌放电流,这是星形接线电容器组发生油箱爆炸事故较低的重要原因之一。在操作过电压保护方面,三角形接线电容器组的避雷器的运行条件和保护效果,均不如星形接线电容器组好。因此,本节仅讨论星形接线电容器组设计中的相关问题。

2. 高压并联电容器组的设计容量

高压并联电容器组设计容量的确定,是变电站无功补偿设计的重要环节。

《电力系统电压和无功电力技术导则》(DL/T 1773 2017)中规定,220 kV 及以下电压等级的变电站中,需要配无功补偿设备的容量可按主变压器容量的 10%～30%确定。但是对于 35 kV～110 kV 终端变电站,无功补偿设计容量到底多少合适,则需要对该类变电站所需补偿的无功范围进行分析。

一般对于直接供电的终端变电站,安装的最大容性无功量应等于装置所在母线上的负荷,并按提高率因数所需补偿的最大容性无功量与主变压器所需补偿的最大容性无功量之和,如式(6-2)所示,即

$$Q_{c,m} = Q_{cf,m} + Q_{cB,m} \qquad (6-2)$$

式中:

$Q_{c,m}$——终端变电站安装的最大容性无功量,kVar;

$Q_{cf,m}$——负荷所需补偿的最大容性无功量,kVar;

$Q_{cB,m}$——主变压器所需补偿的最大容性无功量,kVar。

负荷所需补偿的最大容性无功量见式(6-3),即

$$Q_{cf,m} = P_{f,m}(|\tan \phi_1| - |\tan \phi_2|) \qquad (6-3)$$

式中:

$P_{f,m}$——母线上的最大有功负荷,kW;

ϕ_1——补偿前的最大功率因数角,(°);

ϕ_2——补偿后的最小功率因数角,(°)。

主变压器所需补偿的最大容性无功量如式(6-4)所示,即

$$Q_{cB,m} = [U_d \% (I_m/I_d)^2 + I_0 \%] S_e \qquad (6-4)$$

式中:

U_d——需要进行补偿的变压器一侧的阻抗电压百分值;

I_m——母线装设补偿装置后,通过变压器需要补偿一侧的最大负荷电流值,A;

I_d——变压器需要补偿一侧的额定电流值,A;

I_0——变压器空载电流百分值;

S_e——变压器需要补偿一侧的额定容量(kV·A)。

根据无功补偿应分级补偿、就地平衡,使通过线路的无功潮流最小的原则,对于 35 kV～110 kV 终端变电站,因提高功率因数所需补偿的容性无功在负荷侧补偿,故在站内只需补偿主变压器建立磁场所需补偿的最大容性无功,则式(6-1)可简化为:

$$Q_{c,m} = Q_{cB,m} = [U_d \% (I_m/I_d)^2 + I_0 \%] S_e \qquad (6-5)$$

若不考虑主变压器过负荷,主变压器在满负荷工作的情况下 $I_m \approx I_d$,则式(6-5)可简化为:

$$Q_{c,m} = Q_{cB,m} = (U_d \% + I_0 \%) S_e \qquad (6-6)$$

式(6-6)即 35 kV～110 kV 终端变电站需安装的最大容性无功量。

3. 高压并联电容器组的分组

高压并联电容器装置是否需分组及如何分组,主要应根据电压波动、负荷变化、谐波含量

等因数来确定,且变压器各侧母线的任何一次谐波电压含量不应超过现行的国家标准《电能质量-公用电网谐波》(GB/T 14549—1993)的有关规定。

根据《并联电容器装置设计规范》(GB 50227—2017),当分组电容器按各种容量组合运行时,不得发生谐振,谐振会导致电容器组产生严重过载,引起电容器产生异常声响和振动,外壳变形膨胀,甚至因外壳爆裂而损坏。为了躲开谐振点,在设计电容器组之前,应查清系统谐波背景含量和谐波源特点,使分组电容器在各种容量组合时应能躲开谐振点。谐振电容器容量可按下式计算:

$$Q_{cx} = S_d \left[(1/n)^2 - k \right] \tag{6-7}$$

式中:

Q_{cx}——发生 n 次谐波谐振的电容器容量(kVar);

S_d——并联电容器装置安装处的母线短路容量(kVar);

n——谐波次数,即谐波频率与电网基波频率之比;

k——电抗率。

对于 35 kV～110 kV 终端变电站,其设置的高压并联电容器装置主要是为了提高电压和补偿主变压器的无功损耗,因此投切任何一组电容器时引起的电压波动不应超过 2.5%,即:

$$\Delta U(\%) \approx (Q_{c,m}/S_d) \times 100\% \leqslant 2.5\% \tag{6-8}$$

式中:

S_d——母线处零秒时的三相短路容量,kV·A。

4. 电容器的额定电压、额定电流及单台额定电容

确定电容器额定电压值参见式(6-9),在计算公式中具体考虑以下三方面的因素:

① 电容器装置接入电网后引起的电网电压升高。

② 电容器的容差引起各电容器间承受电压不相等。

③ 装设串联电抗器后引起的电容器组过电压。

$$U_{ce} = 1.05 U/\sqrt{3}(1-k) \tag{6-9}$$

式中:

U_{ce}——电容器的额定电压,kV;

U——电容器接入点电网标称电压,kV;

k——串联电抗器的电抗率。

经式(6-9)计算可得,电容器的额定电压值详表 6-2。

表 6-2　电容器的额定电压表

串联电抗器额定电抗率	$k=0.1\%\sim1\%$	$k=4.5\%\sim6\%$	$k=12\%\sim13\%$
电容器额定电压/kV	$10.5/\sqrt{3}$	$11/\sqrt{3}$	$12/\sqrt{3}$

确定单台电容器额定电容值详见式(6-10),即

$$C_{ce} = [Q_{ce}/(\omega U_{ce}^2)] \times 10^3 \tag{6-10}$$

式中:

C_{ce}——单台电容器额定电容,μF;

Q_{ce}——单台电容器额定容量,kVar;

ω——工频角频率，$\omega = 314$ rad/s。

确定电容器额定电流详见式（6-11），即

$$I_{\Sigma ce} = [U_m/(1-k)X_{\Sigma ce}] \times 10^3 \tag{6-11}$$

$$X_{\Sigma ce} = X_{ce}/M（适用于 Y 或双 Y 接线）\tag{6-12}$$

$$X_{ce} = [1/\omega C_{ce}] \times 10^3 = U_{ce}^2/Q_{ce} \tag{6-13}$$

式中：

$I_{\Sigma ce}$——组并联电容器装置的额定电流，即额定相电流，A；

$X_{\Sigma ce}$——电容器组一相总额定容抗，当接线时，应变换为接线的容抗值，Ω；

U_m——系统最高运行相电压，kV；

X_{ce}——单台电容器额定容抗值，Ω；

M——电容器组一相并联电容器台数。

5. 电容器组投入电网时的涌流

单组电容器投入电网时的涌流幅值及频率，可按式（6-14）、式（6-15）计算。

$$I_{ym} = \sqrt{2} \times I_{\Sigma ce} \left[1 + \sqrt{X_{\Sigma ce}/X_L}\right] \tag{6-14}$$

$$f_y = f \times \sqrt{X_{\Sigma ce}/X_L} \tag{6-15}$$

式中：

I_{ym}——合闸涌流最大值（峰值），kA；

X_L——串联电抗器每相额定感抗，Ω；

f_y——涌流的频率，Hz；

f——电网工频（基波）频率（Hz），$f = 50$ Hz。

另根据《并联电容器装置设计规范》（GB 50227—2017）中的规定，并联电容器装置的合闸涌流限值，宜取电容器组额定电流的 20 倍。

6. 熔断器

对于保护单台电容器的外熔断器，宜优先选用喷逐式熔断器。其额定电压不得低于电容器的额定电压，最高工作电压应为额定电压的 1.1 倍。根据《并联电容器装置设计规范》（GB 50227—2017），熔断器的熔丝额定电流选择不应小于电容器额定电流的 1.43 倍，并不宜大于电容器额定电流的 1.55 倍。

7. 串联电抗器的设计

(1) 串联电抗器的设计选型原则

根据《并联电容器装置设计规范》（GB 50227—2017），串联电抗器的选型宜采用干式空心电抗器或油浸式铁芯电抗器。干式空心电抗器和油浸式铁芯电抗器具有不同特点：干式空心电抗器具有无油、噪音小、磁化特性好、机械强度高的特点；油浸式铁芯电抗器与同容量的干式空心电抗器相比，具有损耗小、价格便宜、安装简单、占地少的特点。

干式空心电抗器的线圈磁力线经周围空间而形成闭合回路，设备周围存在着强磁场，为了减少它在临近导体（包括铁磁性金属部件及接地体）中引起严重的电磁感应电流而发热和产生电动力效应，安装设计要满足厂家提出的防电磁感应的空间范围要求。此外，主控制室（二次设备室）不宜布置在设有串联干式空心电抗器的电容器室正上方。

(2) 串联电抗器的接线方式

串联电抗器无论装在电容器组的电源侧或中性点侧,从限制合闸涌流和抑制谐波来说,其作用相同。但串联电抗器装在中性点侧,正常运行时,串联电抗器承受的对地电压低,可不受短路电流的冲击,对动、热稳定没有特殊要求,可减少事故,使运行更加安全。而且可采用普通电抗器产品,价格较低。

当需要把串联电抗器安装在电源侧时,普通电抗器是不能满足要求的,应采用加强型电抗器,但这种产品是否满足安装点对设备的动、热稳定要求,也应经过校验。而且,加强型产品价格比普通型产品价格高。

由此可见,串联电抗器装在电源侧运行条件苛刻,对电抗器的技术要求高,甚至高强度的加强型电抗器也难于满足要求。因此,《并联电容器装置设计规范》(GB 50227—2017)规定,串联电抗器宜装设于电容器组的中性点侧。当装设于电容器组的电源侧时,应校验动、热稳定电流。

串联电抗器的主要作用是抑制谐波和限制涌流,电抗率是串联电抗器的重要参数,电抗率的大小直接影响着它的作用。选用电抗率就要根据它的作用来确定。

电网中谐波含量很少时,装设串联电抗器的目的仅为限制电容器组追加投入时的涌流,电抗率可选的比较小,一般为 $0.1\% \sim 1\%$,在计及回路连接电感(可按 $1\ \mu\text{/m}$ 考虑)影响后,可将合闸涌流限制到允许范围。在电抗率选取时可根据回路连线的长短确定靠近上限或下限。

当电网中存在的谐波不可忽视时,则应考虑利用串联电抗器抑制谐波。为了确定合理的电抗率,应查明电网中背景谐波含量。电网中通常存在一个或两个主谐波,且多为低次数谐波。为了达到抑制谐波的目的,电抗率配置应使电容器接入处综合谐波阻抗呈感性。通常电抗率应这样配置:

① 当电网中背景谐波为 5 次及以上时,可配置电抗率 $4.5\% \sim 6\%$。因为 6% 的电抗器有明显的放大 3 次谐波的作用。因此,在抑制 5 次及以上谐波同时又要兼顾减小对 3 次谐波的放大,电抗率可选用 4.5%。

② 当电网中背景谐波为 3 次及以上时,电抗率配置有两种方案,全部配 12% 的电抗率;或采用 $4.5\% \sim 6\%$ 与 12% 两种电抗率进行组合。采用两种电抗率进行组合的条件是电容器组数较多是为了节省投资和减小电抗器消耗的容性无功。

综上,串联电抗器的电抗率选择详见表 6-3。

表 6-3　串联电抗器电抗率选择表

串联电抗器主要作用	限制合闸涌流	抑制 3 次及以上谐波	抑制 5 次及以上谐波	抑制 7 次及以上谐波
电抗率 k	$0.1\% \sim 1\%$	$12\% \sim 13\%$	$4.5\% \sim 6\%$	$2.5\% \sim 3\%$

③ 串联电抗器的设计参数

$$Q_{\text{Le}} = I_{\text{Le}}^2 X_{\text{Le}} \times 10^{-3} = k Q_{c,m} \tag{6-16}$$

$$Q_{\text{LSe}} = 3 Q_{\text{Le}} \tag{6-17}$$

$$I_{\text{LSe}} = I_{\Sigma_{ce}} \tag{6-18}$$

$$X_{\text{LSe}} = k X_{\Sigma_{ce}} \tag{6-19}$$

$$U_{\text{Le}} = k U_{ce} \tag{6-20}$$

式中:

Q_{Le}——串联电抗器单相额定容量, kVar;

$Q_{c,m}$——终端变电站安装的最大容性无功量, kVar;

Q_{LSe}一串联电抗器三相额定容量, kVar;

I_{Le}——串联电抗器单相额定电流, A;

X_{Le}——串联电抗器单相额定电抗值, Ω;

U_{Le}——串联电抗器单相额定端电压, kV。

三、计算实例

某 110 kV/10 kV 变电站, 110 kV 侧采用内桥接线, 10 kV 侧采用单母线分段接线, 2 台主变参数一致, 主变容量 $S_e = 50$ MV·A, 阻抗电压 $U_d = 13\%$, 空载电流 $I_0 = 0.5\%$。10 kV 母线短路容量为 317 560 kV·A。求 10 kV 每段母线需配置的无功总容量和分组容量。

根据式(6-4):

$$Q_{cB,m} = [U_d\% (I_m/I_d)^2 + I_0\%] S_e =$$
$$(13\% \times 1^2 + 0.5\%) \times 50\ 000\ \text{kV·A} = 6\ 750\ \text{kVar}$$

(1) 变压器以高负荷率(负荷率取87%)运行

$$Q_{cB,m} = [U_d\% (I_m/I_d)^2 + I_0\%] S_e =$$
$$(13\% \times 0.87^2 + 0.5\%) \times 50\ 000\ \text{kV·A} = 5\ 170\ \text{kVar}$$

(2) 实际10 kV每段母线需配置的无功总容量

$$Q_{c,m} = 7\ 200\ \text{kVar}$$

(3) 整组电容器按1:2分组, 投切单组电容器组时的电压波动

$$\Delta U(\%) \approx (Q_{c,m}/S_d) \times 100\% = (4\ 800\ \text{kVar}/317\ 560\ \text{kV·A}) = 1.5\% \leqslant 2.5\%$$

满足要求。

第四节 高抗谐振问题

一、串联谐振

非全相运行谐振过电压是由于线路一相因故障跳开悬空后, 线路健全相通过相间电容及高抗与之形成谐振回路而产生的。图 6-1 为非全相运行示意图, 其中: C_M 为相间电容; C_D 为各相对地电容; L_P 为高抗; L_N 为高抗中性点接地电抗, 即俗称的"小电抗"。

为限制潜供电流, 高抗中性点加装一个小电抗 X_{LN}。此时, 高抗的补偿容量分为相间电抗和对地电抗, 其中 X_{LM} 为等效相间电抗, X_{LD} 为等效对地电抗, 如图 6-2 所示。

图 6-2(a)与(b)之间的参数对应关系如下:

$$\begin{cases} X_{LD} = 3X_{LN} + X_{LP} \\ X_{LM} = X_{LP}^2/X_{LN} + 3X_{LP} \end{cases}$$

图 6-1 经过变换后可得图 6-3 所示电路。由于 A 相与 B 相对地电容及 AB 两相之间的相间电容直接接在健全相电源上, 故不予以考虑, 由此得等值电路如图 6-4(a)所示, 再进一步简化, 将 A、B 相合并可得图 6-4(b)所示的等值电路, 其中 C 点电位为悬空的 C 相电位。

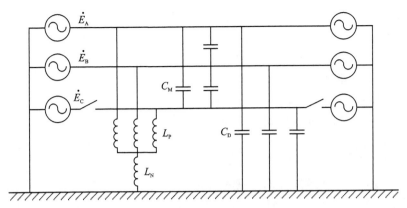

图 6 - 1　非全相运行示意图

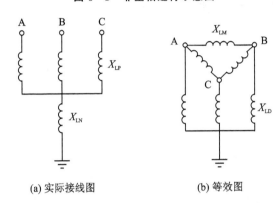

(a) 实际接线图　　　　　　　(b) 等效图

图 6 - 2　并联电抗器中性点接小电抗的等值示意图

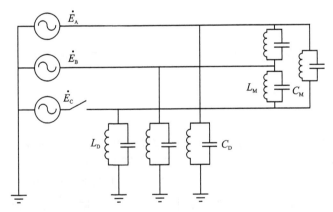

图 6 - 3　非全相运行线路等效电路图

根据图 6 - 4(b)所示电路,断开相电压 U_C 为

$$U_C = \frac{jX_{LD} \ /\!/ \ (-jX_{CD})}{jX_{LD} \ /\!/ \ (-jX_{CD}) + \dfrac{jX_{LM} \ /\!/ \ (-jX_{CM})}{2}} \left| \frac{\dot{E}_A + \dot{E}_B}{2} \right| =$$

$$\frac{jX_{LD} \ /\!/ \ (-jX_{CD})}{jX_{LD} \ /\!/ \ (-jX_{CD}) + \dfrac{jX_{LM} \ /\!/ \ (-jX_{CM})}{2}} \frac{U_N}{2}$$

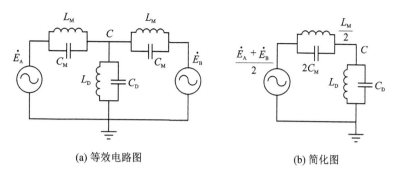

(a) 等效电路图   (b) 简化图

图 6 - 4 非全相运行线路简化图

式中：U_N 为相电压有效值；$X_{LM}=\omega L_M$、$X_{LD}=\omega L_D$、$X_{LD}=X_{CM}=1/\omega L_M$、$X_{CM}=1/\omega C_D$。

在一定的高抗及小电抗参数配合下，若满足条件

$$jX_{LD} \mathbin{/\!/} (-jX_{CD}) + \frac{jX_{LM} \mathbin{/\!/} (-jX_{CM})}{2} = 0$$

或

$$\frac{\dfrac{L_D}{C_D}}{\dfrac{1}{j\omega C_D}+j\omega L_D} + \frac{1}{2}\frac{\dfrac{L_M}{C_M}}{\dfrac{1}{j\omega C_M}+j\omega L_M} = 0$$

则相间阻抗和对地阻抗可能发生串联谐振，并产生幅值很高的谐振过电压。

二、并联谐振

并联谐振是指在电阻、电容、电感并联电路中出现电路端电压和总电流同相位的现象。如图 6 - 5 所示，当电路满足并联谐振条件时，满足：$j\omega C=j\dfrac{1}{\omega L}$，此时，电容和电感并联部分电路相当于开路。当电压一定时，谐振时总电流最小 I_S，系统等值阻抗最大，支路电流 I_L 或 I_C 一般远大于总电流 I_S。

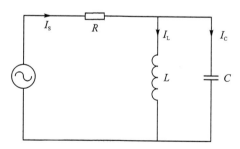

图 6 - 5 并联谐振电路示意图

三、工程实例

南京某电缆下地工程，需新铺设 220 kV 电缆线路约 18.81 km，铺设 110 kV 电缆线路约 43.47 km。本工程实施后，地区电网将存在大量的充电功率盈余，故初步考虑在该区域变电

站（220 kV B3 变高压侧母线）加装 50 MVar 并联电抗器。

　　架空线路下地后，该区域电缆线路较多，线路对地电容较大，与加装的高压电抗器存在谐振的风险，试从串联谐振和并联谐振两个角度论证加装电抗器是否存在谐振风险。本工程周边电网地理接线图如图 6-6 所示，图中 A1、A2 为 500 kV 变电站，B1～B5 为 220 kV 变电站，单位为 MV・A。

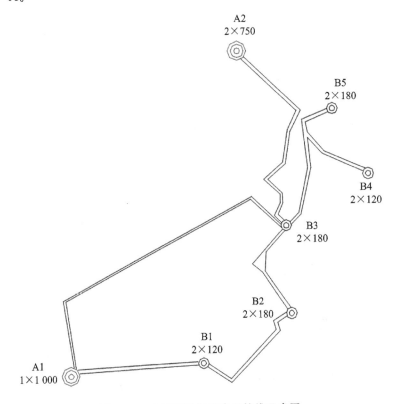

图 6-6　电缆下地工程电网接线示意图

1. 串联谐振

　　图 6-4(b) 所示电路若发生串联谐振，则串联部分分别为容性和感性，若同为容性或同为感性，则不可能发生串联谐振。所以，只有两种条件下才可能发生非全相运行谐振过电压：相间过补偿、对地欠补偿；或者相间欠补偿、对地过补偿。

　　理论上，若按照相间完全补偿的原则来选择中性点小电抗时，任何高抗补偿度下都不会产生高幅值的非全相运行谐振过电压，但由于设备的实际参数与其设计参数往往存在一定差别，从而产生了谐振过电压的风险。

　　母线高抗的配置，一般主要从平衡电网盈余无功功率角度出发，集中进行感性无功补偿，这与线路高抗有较大的区别。

　　对母线高抗和线路高抗相比较，分析如下：

　　① 线路高抗位于出线断路器的线路侧，当线路一相出现故障时，该相两侧断路器单相断开，在单相重合闸动作前形成短时的非全相运行状态，此时可能由于高抗（及中性点电抗器）的电抗和线路的电容参数匹配产生谐振过电压。

② 母线高抗无须限制潜供电流,因此母线高抗无须配置中性点电抗器,故没有相间电抗。

③ 母线高抗直接接于变电站母线上,线路一相出现故障时,该相两侧断路器单相断开,故障相与母线高抗被出线断路器隔离开了,无法形成 LC 回路,因此不会触发与线路高抗一样的谐振产生条件。

如在图 6-7 所示的接线示意图中,变电站 220 kV 母线上连接有多条 220 kV 线路、主变和母线高抗。

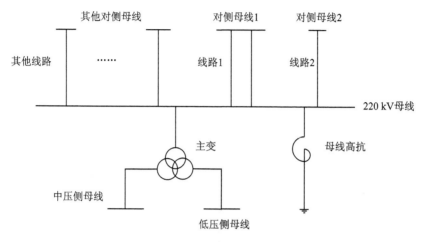

图 6-7 接线示意图

其中,线路 2 由于 C 相故障跳开悬空后,线路 2 短路时处于非全相运行状态,将线路 2 参照图 6-1～图 6-4 进行等效,如图 6-8 所示。由图可见,线路 2 的故障相与母线高抗被出线断路器隔离开了,无法形成 LC 回路,因此不会触发与线路高抗一样的谐振产生条件。

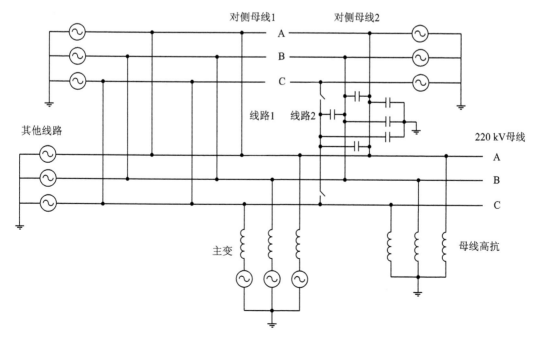

图 6-8 线路 2 单相故障情况

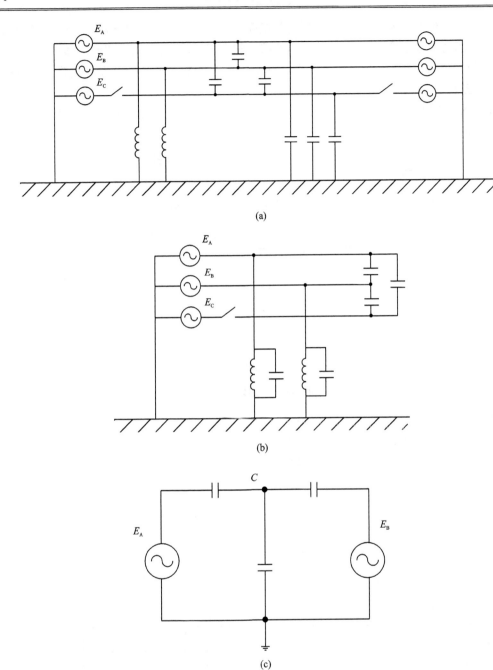

图 6-9　等效电路图

母线高抗直接接于变电站母线上,当母线单相出现故障时,与母线相联的所有断路器均断开,且均断开三相,不存在非全相运行的情况,不会形成 LC 回路,无法触发谐振产生条件。

若母联开关重合闸不成功,则存在非全相运行的情况,但由于母线间耦合电容、耦合电感较弱,因此难以触发谐振条件,产生谐振过电压可能性较小。

综上,B3 变 220 kV 母线侧加装高抗后,上述运行方式下触发非全相谐振过电压的条件较难满足,非全相运行时发生谐振过电压的风险较小。

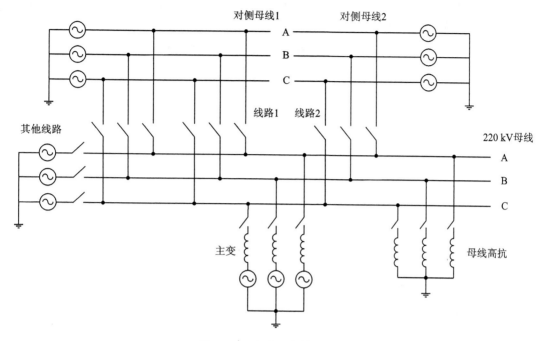

图 6-10　母线一相故障情况

2. 并联谐振

根据上述分析,当线路对地电容与母线高抗参数匹配时将满足并联谐振条件,因此,根据相关资料,在不同运行方式下对本工程周边线路充电功率梳理结果如表 6-4 所列。对系统不同运行方式下,以 220 kV B3 变电站为中心,对线路充电功率进行计算,结果如表 6-5 和表 6-6 所列。

表 6-4　B3 变电站周边 220 kV 线路充电功率梳理

线　路	电　缆			架空线			充电功率
	长度/km	导线截面/mm²	充电功率/MVar	长度/km	导线截面/mm²	充电功率/MVar	合计(MVar)
B3~A2	4.815	2 500	18.73	18.338	2×400	3.70	22.43
B3~A2	4.815	2 500	18.73	18.338	2×400	3.70	22.43
B3~B4	4.545	2 500	17.68	6.672	2×400	1.35	19.03
B3~B5	4.635	2 500	18.03	3.797	2×400	0.77	18.80
B3~A1	3.43	2 500	13.34	33.3	2×630	7.09	20.44
B3~A1	3.43	2 500	13.34	33.3	2×630	7.09	20.44
B3~B2	0.138	2 000	0.50	8.074	2×400	1.63	2.13
B3~B2	0.138	2 000	0.50	8.074	2×400	1.63	2.13

注:1. 架空线路为线路下地工程实施后的线路长度,计算公式为:架空线长度＝原线路总长度－电缆线路长度。

2. 截面为 2 500 mm² 电缆单位长度充电功率按 3.85 MVar/km 考虑;截面为 2 000 mm² 电缆单位长度充电功率按 3.62 MVar/km 考虑;截面为 2×630 mm² 架空线路单位长度充电功率按 0.213 MVar/km;截面为 2×400 mm² 架空线路单位长度充电功率按 0.202 MVar/km。

表 6－5 和表 6－6 列出了不同运行方式时,电网"N－1"和架空线"N－2"方式下,以 B3 变电站为中心的线路充电功率。单回线路检修方式下线路充电功率计算结果见表 6－7。

表 6－5　B3 变电站周边 220 kV 线路充电功率统计(A1～B3 双回线路未投运)

运行方式		充电功率/MVar
正常方式		86.95
出线 N－1	B3～A2 线路 N－1	64.52
	B3～B4 线路 N－1	67.92
	B3～B5 线路 N－1	68.16
	B3～B2 线路 N－1	84.82
出线 N－2	B3～A2 线路 N－2	42.08
	B3～B4/B5 线路 N－2	49.13
	B3～B2 线路 N－2	82.69

表 6－6　B3 变电站周边 220 kV 线路充电功率统计(A1～B3 双回线路投运后)

运行方式		充电功率/MVar
正常方式		127.82
出线 N－1	B3～A2 线路 N－1	105.39
	B3～B4 线路 N－1	108.80
	B3～B5 线路 N－1	109.03
	B3～B2 线路 N－1	125.69
	B3～A1 线路 N－1	107.39
出线 N－2	B3～A2 线路 N－2	82.95
	B3～B4/B5 线路 N－2	90.00
	B3～B2 线路 N－2	123.57
	B3～A1 线路 N－2	86.95

初步分析结果表明,在 A1～B3 双回线路未投运时,B3～B4/B5 线路 N－2,B3 变电站周边 220 kV 线路充电功率约为 49.13 MVar;B3～A2 线路 N－2,B3 变电站周边 220 kV 线路充电功率约为 42.08 MVar;与补偿高抗容量接近(50 MVar)。因此,在 A1～B3 双回线路未投运时,若 B3 变电站加装 50 MVar 高抗,则存在发生并联谐振的风险。

另外,在 A1～B3 双回线路未投运时,周边电网中单回线路检修方式下,存在谐振风险的情况,如表 6－7 所列。

3. B5 加装高抗分析

根据上述分析,在 B3 变电站 220 kV 母线侧加装 50 MVar 并联电抗器存在一定的并联谐振风险,因此进一步分析在 B5 变电站 220 kV 母线侧加装 50 MVar 高压并联电抗器的可行性。以 220 kV B5 变电站为中心进行线路充电功率计算,计算结果如表 6－8 所列。由计算结果可知,以 220 kV B5 变电站为中心周边 220 kV 线路充电功率约为 7.946 MVar,若考虑将

50 MVar 高压并联电抗器加装至 B5 变电站 220 kV 母线侧,感性无功功率过补偿严重,因此不推荐加装于 B5 变电站 220 kV 母线侧。

表 6-7　检修方式下存在谐振风险情况

状　态	检修线路	故障线路	周边线路充电功率/MVar	A1～B3 线路是否投运
情况一	B3～A2 单回线路	B3～A2 线路 N-1	42.08	否
情况二		B3～B4 线路 N-1	45.49	否
情况三		B3～B5 线路 N-1	45.72	否
情况四	B3～B4 单回线路	B3～A2 线路 N-1	45.49	否
情况五		B3～B5 线路 N-1	49.13	否
情况六	B3～B5 单回线路	B3～A2 线路 N-1	45.72	否
情况七		B3～B4 线路 N-1	49.13	否
情况八	B3～B2 单回线路	B3～B4/B5 线路 N-2	47.00	否

表 6-8　以 B5 变为中心充电功率计算结果

线路名称	充电功率/MVar
线路 1	3.703
线路 2	1.587
线路 3	1.799
线路 4	0.857
合　计	7.946

4. 结　论

前文对 220 kV B3 变电站加装 50 MVar 母线高抗后可能带来的谐振问题进行了分析,结论如下:

① 由于本工程所加装高抗均为母线高抗,故线路非全相运行导致的串联谐振发生的风险很低;同时由于母联开关导致的母线非全相运行带来的串联谐振风险发生也较低。

② 通过并联谐振发生机理的分析,在 A1～B3 双回线路未投运时,B3～B4/B5 线路N-2、B3～A2 线路 N-2 的情况下,B3 变电站周边 220 kV 线路充电功率与补偿高抗容量接近,存在发生并联谐振的风险。另外,在 A1～B3 双回线路未投运时,在检修方式下,存在 N-1 或N-2 故障下发生并联谐振的风险。

③ 本工程投产后,须对本工程相关线路实测参数进行采集,并重新进行相应的谐振风险校核。

④ 当该片区电网参数发生变化时,需要重新排查可能存在谐振风险的方式。

第五节　无功补偿新技术

除了投入电抗对感性无功缺口进行补偿和降低电压值外,还有调相机、FACTS 等技术对无功缺口进行动态补偿以达到降低电压值的效果。电力系统中常用的动态无功补偿装置主要有同步调相机、静止无功发生器(STATCOM/SVG)、统一潮流控制器(UPFC)等。

一、同步调相机

同步调相机是一种专用的无功功率发电机,实质上是空载运行的同步电动机,其主要用途是供给无功功率,改善功率因数,因此它的无功功率调控与同步电动机一样,也是通过改变励磁电流的大小可使在过励磁运行时,可向系统供给感性无功功率,提高系统电压;在欠励磁运行时,从系统吸取感性无功功率,降低系统电压。当系统处于轻负荷运行时,需要将系统中某些发电机改为同步调相机,以吸收系统中多余的无功功率,以达到系统的无功平衡。

同步调相机的主要优点是可以连续调节无功功率的大小。调相机具有强励能力(不低于2倍),在1～2 s内无功功率可以达到其额定容量的2倍以上。与发电机励磁方式一样,主要有交流励磁机方式和自并励励磁方式,现代大型发电机多采用自并励励磁方式,调节速度更快,调节容量更大。

二、静止无功发生器

静止无功发生器(STATCOM/SVG)是新一代并联型无功补偿装置,它具有传统的固定容量的电容器以及静止无功补偿装置(SVG)等无功补偿装置无法比拟的优点。STATCOM采用电力电子变换器来产生无功功率,它具有响应速度快、不需负载电容和电抗以及较好的暂态无功补偿特性等特点,因而具有控制节点电压、实现瞬时无功补偿、减小阻尼系统振荡、增强系统暂态稳定性、提高电能质量等功能。STATCOM能够在系统事故后的暂态过程中对控制点附近区域电压提供较强的支撑,从而提高电网事故后的电压恢复能力,较大幅度地改善因事故后系统电压跌落而产生的暂态稳定问题。亦可从系统吸收感性无功补偿充电功率,防止电压值过高。

三、统一潮流控制器

统一潮流控制器(UPFC)具有静止同步串联补偿器(SSSC)与 STATCOM 的控制功能。它通过控制规律变化就可同时快速地控制输电线路中的有功功率和无功功率,以使系统潮流分布达到目标要求。同时,UPFC具备快速灵活的无功控制能力,既可为节点提供动态无功支撑,对防止电压失稳有十分重要的作用,也能够从系统吸收无功功率,防止系统电压过高的情况出现,上述这几种动态无功设备的综合比较分析如表6-9所列。

表6-9　常见动态无功补偿设备的综合比较

项　目	调相机	STATCOM/SVG	UPFC
设备类型	旋转设备,向系统提供转动惯量和短路电流	静止设备	静止设备
无功特性	无功输出受系统电压影响小,具备短时强励能力,能进相运行	基本与系统电压成正比,受系统电压影响较大	基本与系统电压成正比,受系统电压影响大
响应时间	20 ms	<10 ms	<10 ms
调节速度	1～2 s到峰值	40～100 ms 达到第一峰值	40～100 ms 达到第一峰值

项　目	调相机	STATCOM/SVG	UPFC
占地面积	较　小	较　小	较　大
使用寿命	使用寿命长,30 年	10 年	—
经济性	运维费用和损耗费用较高,但优于 STATCOM 与 UPFC	静态投资高,经济性差	静态投资高,经济性差

上述动态无功补偿技术国内均有应用,但是投资成本均较高,且对场地有一定要求,同时部分补偿设备主要用于高电压等级的大电网及特高压交直流系统等,并对其进行无功调节,但不适用于局部电网。

第七章　暂态稳定计算

第一节　暂态稳定概述

一、暂态稳定定义

电力系统暂态稳定一般是指电力系统遭受如输电线短路等故障时,各同步发电机保持同步运行并过渡到新的运行状态或恢复到原来运行状态的能力。暂态不稳定可以表现为第一摆失稳,对大系统也可能是后续摇摆失稳。暂态稳定研究的时间范围一般为扰动后 3～5 s,大系统考虑互联模式振荡可延续至 10～20 s。

二、暂态稳定判据

电力系统遭受大干扰后能否继续保持稳定运行的主要标志:一是各机组之间的相对角摇摆是否逐步衰减;二是局部地区的电压值是否在可接受范围内。通常大干扰后的暂态过程会出现两种可能的结局:一种是各发电机转子间相对角度随时间的变化呈摇摆状态,且振荡幅值逐渐衰减,各机组之间的相对转速最终衰减为零,各节点电压逐渐回升到接近正常值,系统回到扰动前的运行状态,或者过渡到一个新的运行状态。在此运行状态下,所有发电机仍然保持同步运行,此电力系统是暂态稳定的。另一种结局是暂态过程中某些发电机转子之间的相对角度随时间不断增大,使这些发电机之间失去同步或者局部地区电压长时间很低,此电力系统是暂态不稳定的,或称电力系统失去暂态稳定。发电机失去同步后,将在系统中产生功率和电压的强烈振荡,使一些发电机和负荷被迫切除,在严重的情况下甚至导致系统的解列或瓦解。

三、暂态稳定计算用途

为了保证电力系统的安全稳定性,在系统规划、设计和运行过程中都需要进行暂态稳定计算分析。电力系统暂态稳定计算的目的在于确定系统受到大干扰(如发生短路故障、负荷瞬间发生较大的突变、切除大容量的发电、输电或变电设备等)以后,系统各发电机组是否能维持同步运行,并在此基础上完成对系统暂态稳定的分析,同时找出稳定破坏的原因,研究相应的对策。

暂态稳定计算主要应用范围包括:复杂和严重事故的事后分析,通过再现事故后系统的动态响应,以了解稳定破坏的原因,并研究正确的反事故措施;在规划设计阶段,考核系统承受极端严重故障的能力,即超出正常设计标准的严重故障,以研究减少这类严重故障发生的频率和防止发生恶性事故的措施;对电力系统暂态电压稳定性进行分析评估;从系统承受故障能力的角度进行计算分析,如"N-1""N-2"事故,故障临界切除时间和系统传输功率极限等方面,对动态元件的配置及其对暂态稳定的影响进行考虑,例如:电气制动、快速调整气门、切机、单相重合闸等。特别是当前大容量远距离输电和大电网互联的发展以及新型元件的投入运行,电力系统暂态稳定问题的研究和计算更是一个至关重要的课题。

第二节　PSASP 暂态稳定计算的主要功能和特点

PSASP 暂态稳定计算采用梯形隐积分的迭代法,求解微分方程;采用直接三角分解和迭代相结合的方法求解网络方程;微分方程和网络方程两者交替迭代,直至收敛,以完成一个时段 t 的求解。

一、一般模型的计算功能

PSASP 可以对交直流混合电力系统、可考虑变电站内部的开关状态对系统网络结构的影响进行暂态稳定相关计算。复杂故障方式下,可同时考虑多处三相对称故障;可同时考虑多处不对称故障;在不对称故障方式下,可考虑零序互感的影响;既可做暂稳计算,也可做短路电流计算及动态过程中的复杂故障短路电流计算;可做输电线工频过电压及潜供电流计算分析;能给出三相不平衡方式的下序电压、电流,相电压、电流的分布。提供了不同扰动方式和稳定措施模拟的计算功能,冲击负荷对电力系统影响动态仿真计算;负荷功率随机波动的模拟;励磁回路电压波动的模拟;发电机功率跟踪调节的模拟;调压器励磁电压快速调整的模拟;按不同准则减少母线上的部分和全部机组功率;按不同准则切除母线上的部分和全部负荷;按不同准则开断线路开关;励磁电压调节器参考电压修改。通过用户自定义建模,可实现所需的计算功能:各种电力系统一次设备模型,如同步机、异步电机、静止无功补偿器等电力系统各种自动装置,如调压器、调速器等;随不同工程而异的超高电压直流输电线路及控制系统模型;灵活交流输电系统(FACTS)的元件模型。

二、常用的系统元件模型

程序提供常用系统元件模型:同步电机模型、励磁调节器模型、原动机调速器模型、电力系统稳定器(PSS)模型、感应电动机及综合动态负荷模型、静态负荷模型、静止无功补偿器模型、直流输电模型和风力发电模型。

1. 发电机模型

0 型——E' 电势恒定的 2 阶模型(经典模型);

1 型——E'_q 电势恒定的 2 阶模型;

2 型——E'_q 电势变化的 3 阶模型;

3 型——E''_q,E''_d,E'_q 电势变化的 5 阶模型;

4 型——E'' 恒定的 2 阶模型;

5 型——E'_q,E'_d 电势变化的 4 阶模型;

6 型——E''_q,E''_d,E'_q,E'_d 电势变化的 6 阶模型;

7 型——鼠笼异步风力发电机组模型;

8 型——双馈直驱通用风力发电机组模型。

2. 励磁调节系统模型

1 型——他励常规或快速励磁系统及可控硅调节器；

2 型——自并励和自复励的快速系统及可控硅调节器；

3~11 型——旋转励磁系统；

12 型——自并励静止励磁系统；

13 型——一种电势源—可控整流励磁系统；

14 型——抽水蓄能电厂发电机自并励励磁系统模型；

1104~1120 型——16 种详细模拟的励磁系统模型（直流励磁机励磁系统、交流励磁机励磁系统、静止励磁系统）。

3. 其他模型

PSS 模型（5 种）；原动机调速器模型（5 种）；负荷模型（4 种：感应电动机负荷模型、静态负荷模型、综合动态负荷模型、差分方程负荷模型）；静止无功补偿器模型（SVC）；直流输电模型。

第三节　暂态稳定计算实例

PSASP 可以实现各种简单故障方式和复杂故障方式的模拟功能。其中包括任意多处三相对称故障（如三相短路、三相断线、串联电容三相击穿等）和任意多重复杂故障（如单相瞬时故障和单相永久性故障等）。

一、故障设置

某网络接线图如图 7-1 所示，原网络中线路两侧未设小开关。试用 PSASP 程序进行故障设置。故障过程如下：

0 s，距 I 侧 15%处 A 相接地；

0.2 s，I 侧 A 相开关跳开；

0.7 s，J 侧 A 相开关跳开；

1.2 s，I 侧 A 相重合不成功，1.4 s 三相跳开；

1.7 s，J 侧 A 相重合不成功，1.9 s 三相跳开；

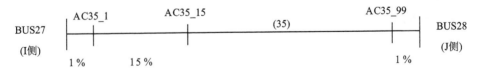

图 7-1　某网络接线图

暂态稳定计算设置如图 7-2~图 7-6 所示。

二、暂态稳定节点扰动

PSASP 程序提供了节点扰动计算暂态稳定功能，如冲击负荷、快速调节气门、快调励磁、发电机跟踪调节、切机、切负荷、切线路、负荷功率波动和励磁电压波动等，如图 7-7 所示。

图 7-2　网络故障数据图(一)

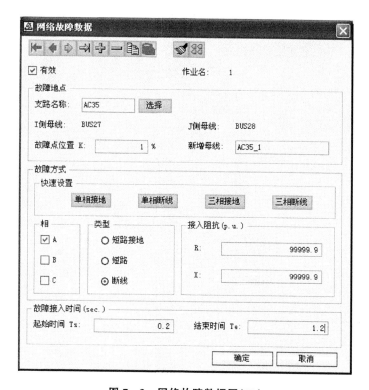

图 7-3　网络故障数据图(二)

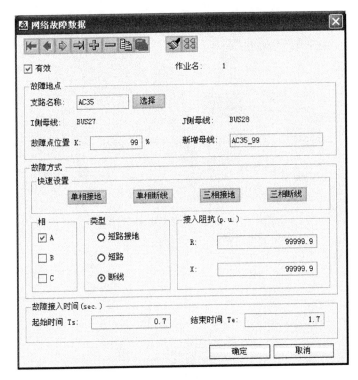

图 7 - 4　网络故障数据图(三)

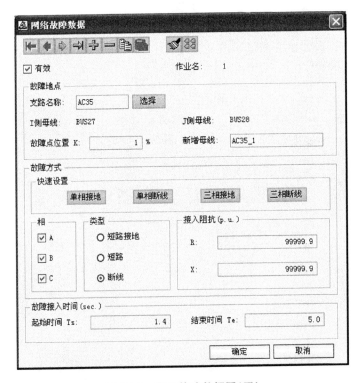

图 7 - 5　网络故障数据图(四)

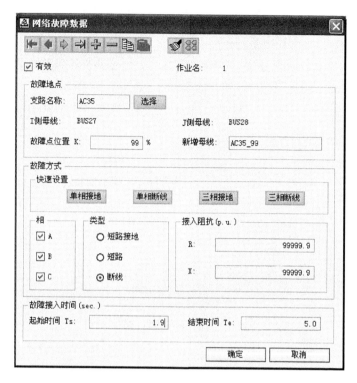

图 7 - 6　网络故障数据图(五)

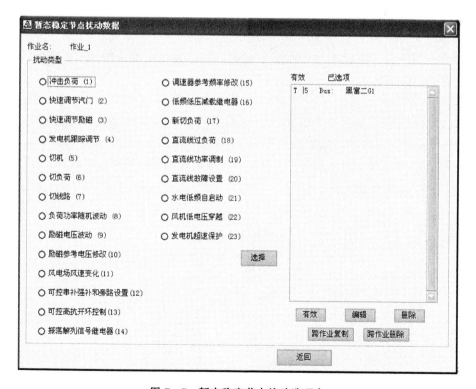

图 7 - 7　暂态稳定节点扰动选项卡

1. 冲击负荷扰动

以图 7 - 8 为例,计算该冲击负荷对发电机的影响。

① 程序选择暂态稳定计算模块,选择"节点扰动"→"编辑"命令,然后选择"冲击负荷"→"选择"命令,选中冲击负荷所在母线,输入有功功率,如图 7 - 8 所示。

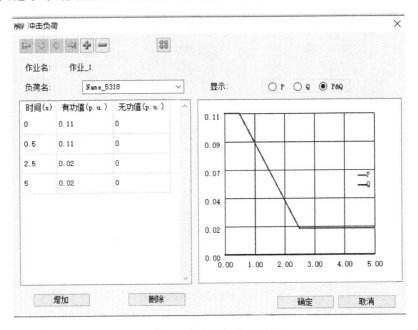

图 7 - 8　冲击负荷扰动设置

② 返回暂态稳定计算界面,单击"输出"按钮,选择"发电机变量"命令,单击"选择"按钮,选择要分析的发电机母线。然后单击"计算"按钮。

③ 选择"结果"→"暂态稳定"→"编辑方式输出"→"曲线"→"输出"命令,在曲线上单击最大值,此数据与原发电机输出功率相减,再除以原发电机额定功率,即为该冲击负荷在发电机组产生的电磁功率变化与额定功率的比值。目前国家标准关于有功冲击对邻近发电机组的影响没有明确规定,此比值可在一定程度上反映冲击负荷在机组间功率分担的相对关系。

2. 同步发电机失磁

同步发电机失磁示例见图 7 - 10 和表 7 - 1,试进行故障设置。

表 7 - 1　发电机失磁值

发电机	t/s	E_{fd}
GEN - 1	0	1.963 5
GEN - 1	0.1	0.1
GEN - 1	19	0.1
GEN - 1	20	1.5
GEN - 1	25	1.5

设置前需要把计算总时间设为 25 s,如图 7 - 11 所示。

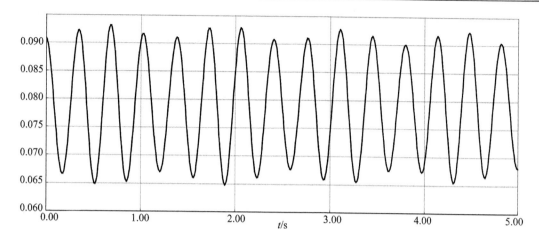

图 7 - 9 冲击负荷计算结果图

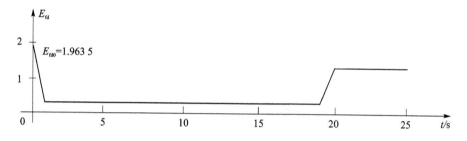

图 7 - 10 同步发电机失磁示例

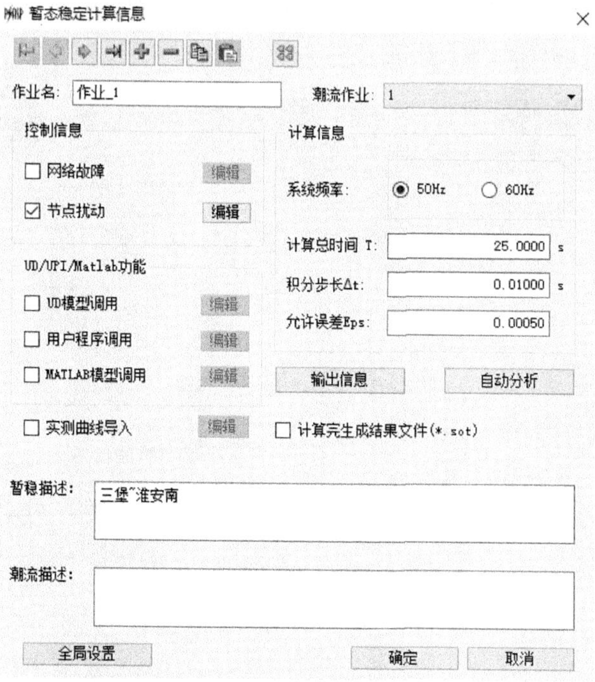

图 7 - 11 同步发电机失磁示例计算时间设置

图 7 - 7 中,暂态稳定节点扰动选项卡选择"快速调节励磁",再选择相应的发电机,根据表 7 - 1 中的数据进行设置,如图 7 - 12 所示。

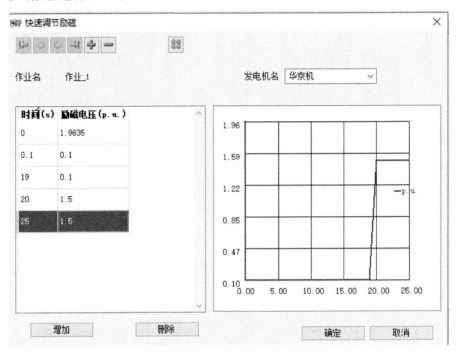

图 7 - 12　同步发电机失磁示例

3. 切负荷扰动:当电压低于 0.8 pu 时切除 30%的负荷 BUS16301

切负荷扰动故障设置如图 7 - 13 所示。

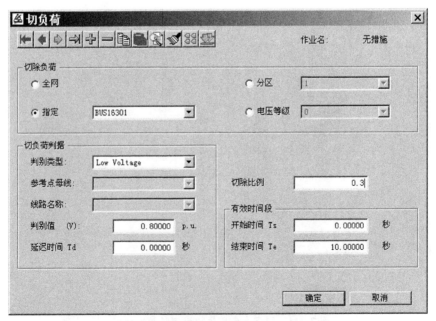

图 7 - 13　切负荷扰动设置

三、电厂并网稳定计算

1. 必要性

新增电源接入对电网的稳定性(热稳定、暂态、动态)有影响;规划阶段接入系统计算与实际运行电网存在差异,计算方法也不一致(模型详细程度、正常及检修方式);通过计算及时发现问题、采取措施,确保电厂机组满功率送出;相关规程规范等要求。

2. 计算方法

方式:正常及计划检修。

故障类型:三相金属性接地短路故障。需要注意的是,与发电机直接或通过变压器、输电线路相连的对应的母线故障没有必要计算,因为母线故障时要把与其相连所有的出线跳开,包括发电机支路,这种情况下发电机肯定会失稳,没有必要计算。

故障地点:并网线路(出口、50%)、并网点母线及并网点出线。

切除故障时间:220 kV:0.12～0.15 s(快速保护投)、0.3～0.6 s(快速保护停用);110 kV:0.1(Ⅰ段)、0.3～0.6～1.1 s(Ⅱ段或主变后备保护)。

稳定要求:电厂及并列点母线发生故障,其保护切除故障的时间应该满足系统稳定的要求。电厂及并列点母线的所有出线(含馈线)的故障切除时间及重合闸时间均应满足系统稳定的要求。

电厂计算方式需根据电厂接入系统的不同阶段或机组投产的不同阶段确定;对接入 220 kV 及以上系统的机组运行方式或检修方式由省调度确定,否则由地区调度自行确定后报省调度。

3. 电厂需配合的工作

① 准确提供机组、升压变的参数,尤其是机组转动惯量务必核实正确;准确提供电厂升压站接线方式、并网通道线路型号。

② 明确机组投产及接入系统的各个阶段(1、2 两项均要求书面形式并盖章)。

③ 按接入系统审查文件要求完成相关安全自动装置的配置工作并及时将安全自动装置技术协议(由电厂方与厂方签订)报地区调度及省调(并网前 15 天)。

④ 计算委托工作(电厂机组并网前 3～4 个月委托各地调)。

⑤ 报告提交(计算报告由计算单位出版后提供给电厂,经电厂确认盖章后由电厂方在机组并网前提供给省调,作为机组并网的依据之一)。

4. 电厂稳定计算边界条件

① 电厂机组设为 PQ 节点,功率因数≥0.95;同一地区机组均设为 PQ 节点,其功率因数应≥0.95。

② 系统电压值按略低于高峰负荷时段主网运行电压设置,可通过调节 500 kV 主变变比或地区无功负荷水平调节电压值。

③ 参考机组的选择一般考虑区外机组,平衡节点。

5. 暂态稳定计算软件设置

作业卡:图形环境→运行模式→作业→暂态稳定,注意暂态稳定计算必须基于潮流计算。图 7-14 所示为暂态稳定计算软件设置界面。

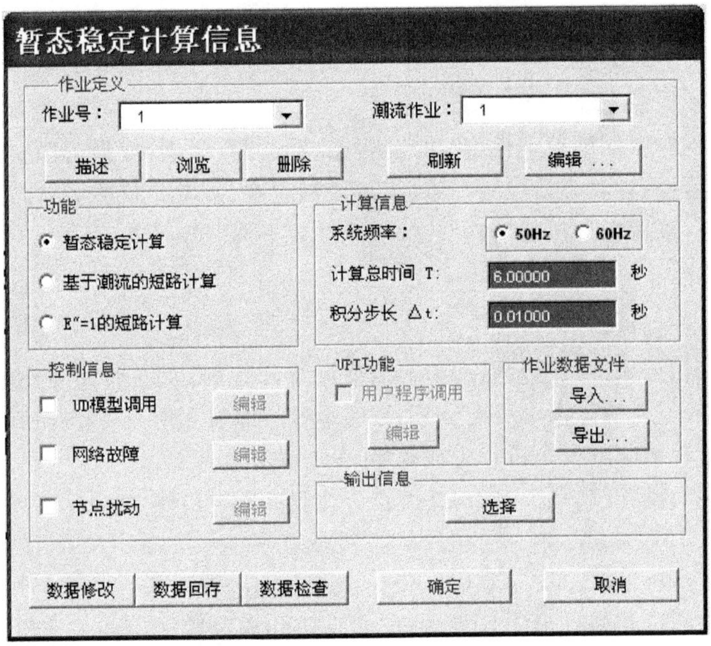

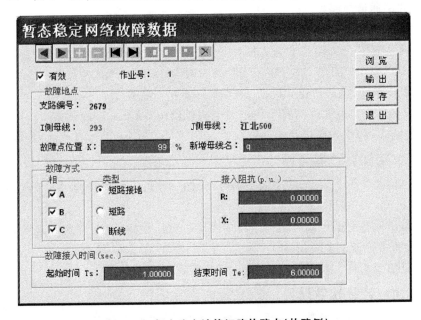

图 7 - 14　暂态稳定计算设置界面

故障的设置:故障点必须有新增母线名却不能重复,以百分数来表示离 I 侧的距离(1%~99%),若填 0 或 100% 则为母线故障。

路径:运行模式→作业→暂态稳定→网络故障;运行模式→作业→暂态稳定→刷新→确定,视图→暂态稳定(该方式可直接在图形上设置故障)。

图 7 - 15～图 7 - 21 分别是暂态稳定计算的短路、切除、输出、程序界面图。

图 7 - 15　暂态稳定计算短路故障卡(故障侧)

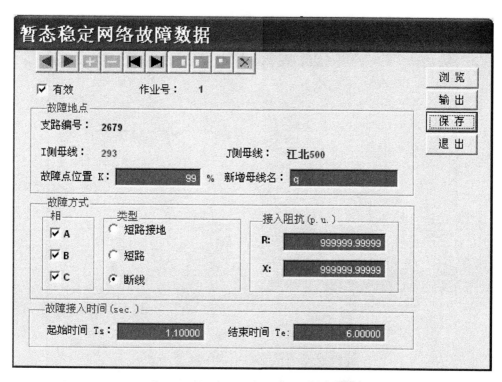

图 7 - 16　暂态稳定计算切除故障卡(故障侧)

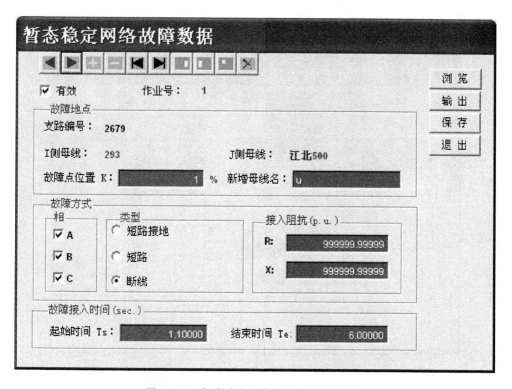

图 7 - 17　暂态稳定计算切除故障卡(对侧)

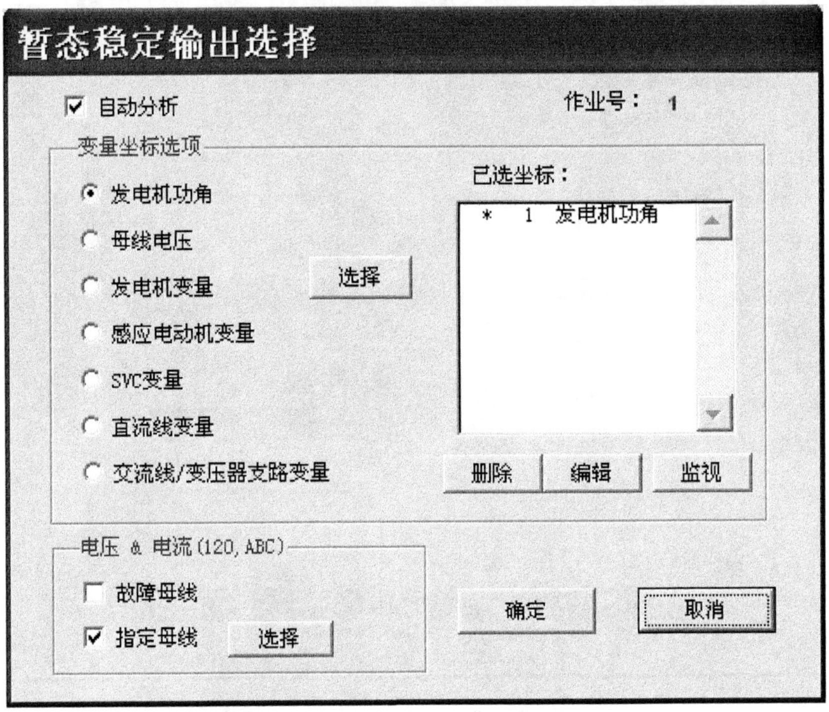

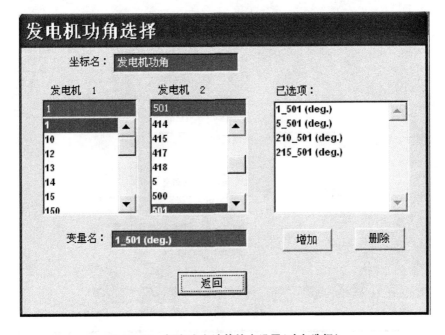

图 7 - 18 暂态稳定计算输出设置

图 7 - 19 暂态稳定计算输出设置(功角选择)

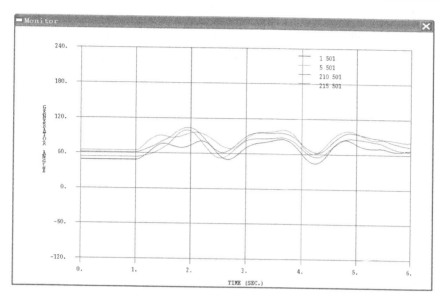

图 7 - 20　暂态稳定计算结果(稳定)

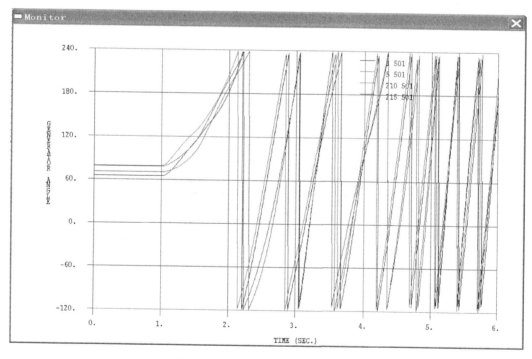

图 7 - 21　暂态稳定计算结果(失稳)

6. 算　例

(1) 接线图见图 7 - 22,取 S_j＝100 MV・A 时的参数

① 发电机:

S_G＝120 MV・A,采取模型 6

X_d＝1.4, X_d'＝0.3, X_d''＝0.1, X_q＝1.35, X_q'＝0.6, X_q''＝0.1, T_j＝10 s, T_{d0}'＝6 s, T_{d0}''＝

0.05 s, $T'_{q0}=1$ s, $T''_{q0}=0.05$ s

饱和系数：$a=0.9, b=0.06, n=10, D=0$ s, $R_a=0.005$ pu. , $X_2=0.1$ pu.

② AVR 模型：

模型 1：参数 1：$K_r=1, T_r=0.03, K_a=30, T_a=0.03, K_f=0.04, T_f=0.715, T_e=0.5$ s, $Efd_{max}=5, Efd_{min}=0$（常规 AVR）

参数 2：$K_a=500, T_e=0.03$ s（快速高放大倍数 AVR）

③ PSS 模型：

模型 1，参数：$K_w=200$, Inertia-diff, $T_q=10$ s

$T_1=0.2, T_2=0.01, T_3=0.2, T_4=0.01, V_{smax}=5.0$ p. u. , $V_{smin}=-5.0$ pu.

④ 系统：

$S=9999$ MV·A，采取模型 0, $X_d=X'_d=X''_d=0.1, X_q=X'_q=X''_q=0.1, T_j=100$ s, $T'_{d0}=T''_{d0}=T'_{q0}=T''_{q0}=0.05$ s

饱和系数：$a=0.9, b=0.06, n=10, D=2$ s, $R_a=0.005$ p. u. , $X_2=0.1$ pu.

⑤ 变压器：

电抗标幺值 $X_T=0.1$

⑥ 输电线：

每回电抗标幺值 $X_L=0.4$

⑦ 负荷：

$S=(4+j2)$ p. u.

(2) 建模与仿真

按照图 7-22 在 PSASP 7.2 环境中绘制单线图，并录入数据。发电机设为 PQ 节点，$S=0.8+j0.31$，系统设为平衡节点，$V=1.0+j0$。

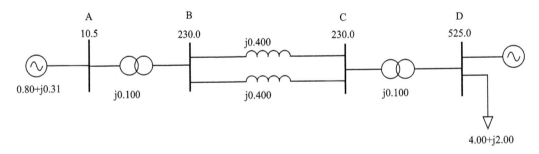

图 7-22　单机无穷大系统接线图

发电机参数采用 6 阶模型，本模型为考虑 E''_q、E''_d、E'_q、E'_d 电势均发生变化的 6 阶同步机模型，该模型能比较精确的模拟发电机各绕组，参数设置如图 7-23 所示。

需要注意的是，发电机参数 X'_d、X''_d 等数据，要求填入的是标幺值，有些发电机参加提供的是有名值，需要注意换算。另外，发电机的模型选择、与发电机直接相连的变压器、线路等参数对机组的稳定计算结果至关重要，计算时这些参数务必是准确的。

发电机及其调节器参数中调压器模型设置为 1 型，AVR 为他励式常规励磁系统或采用可控硅调节器的他励式快速励磁系统，即通常具有励磁机的励磁调节系统，其模拟框图如图 7-24 所示，参数设置如图 7-25 所示。

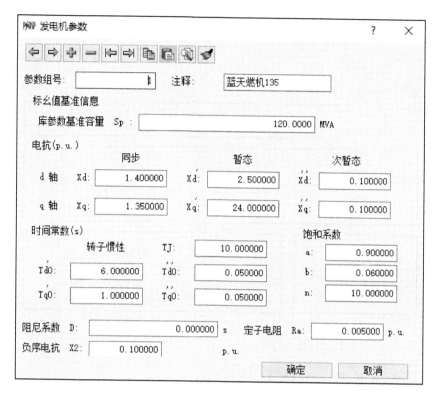

图 7 - 23　6 阶发电机模型参数

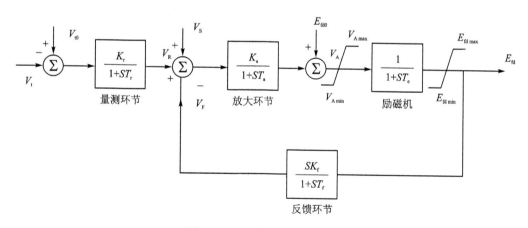

图 7 - 24　1 型励磁调节器框图

　　发电机及其调节器参数中 PSS 模型设置为 1 型,PSS 的模拟框图如图 7 - 26 所示。本模型是一种通用的模型,输入信号根据需要可取转速偏差、功率偏差、端电压偏差。模型采用两级移相结构。参数设置见图 7 - 27。

(3) 潮流计算

　　参数录入完成后首先进入潮流作业计算界面。在暂稳仿真计算前必须保证潮流收敛。以便给暂稳计算赋予初始值。潮流计算结果如图 7 - 28 所示,图中结果以有名值表示。

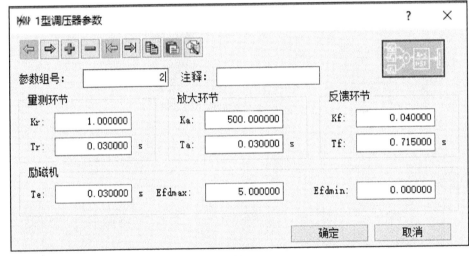

(a)

(b)

图 7 - 25   1 型调压器参数(参数组 1、参数组 2)

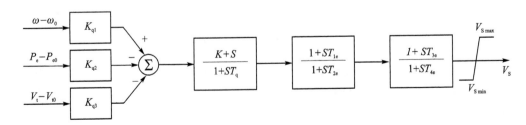

图 7 - 26   1 型 PSS 传递函数框图

(4) 稳定计算

故障方式:两回并联交流线路中单回首端三相短路,0.1 s 切除故障。

作业 1:AVR 和 PSS 均采取模型 0,即不考虑 AVR 和 PSS。

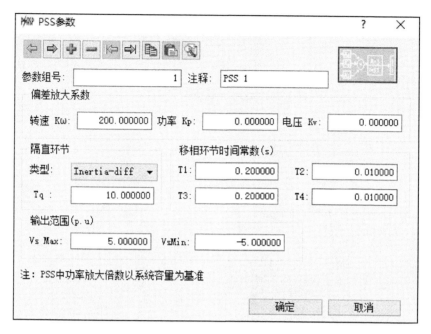

图 7 - 27　1 型 PSS 模型参数

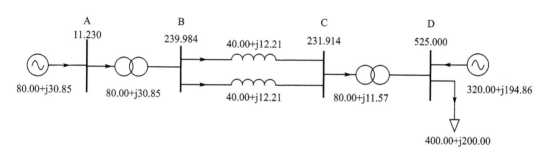

图 7 - 28　潮流结果单线图

　　作业 2:AVR 采取参数组 1,PSS 采取模型 0,即考虑常规 AVR,不考虑 PSS。

　　作业 3:AVR 采取参数组 2,PSS 采取模型 0,即考虑快速、高放大倍数 AVR,不考虑 PSS。

　　作业 4:AVR 采取参数组 2,PSS 采取模型 1,即考虑快速、高放大倍数 AVR,考虑 PSS。
稳定计算结果如图 7 - 29~7 - 32 所示。

　　电力系统中发生短路故障时,由于控制输入机械功率的常规调速系统的动作太慢,主要靠快速继电保护切除故障,以减小加速面积;而故障切除之后,快速励磁和强行励磁可以增大发电机电势,因而增大输出的电磁功率,增大了制动面积,防止发电机摇摆角过度增大,以利于暂态稳定性的提高。但是发电机励磁回路具有较大的时间常数,即使是快速励磁系统,也只能在故障后 0.4~0.6 s,使转子达到最大磁通。由暂稳作业 1、2、3 仿真计算结果可知,故障后发电机摆到最大角度的时间往往只有 0.5~0.6 s,所以快速励磁和强行励磁所能增加的制动面积是很有限的,其结果是只能稍微降低第一个振荡周期的摇摆角度。由暂稳作业 3、作业 4 对比可知,配置有 PSS 的快速励磁系统,可以阻止第一摇摆之后的后续振荡和低频振荡,有利于提高暂态稳定性。

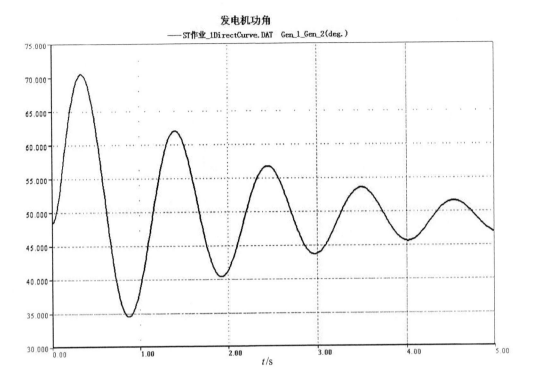

图 7 - 29　暂稳作业 1 功角摇摆曲线

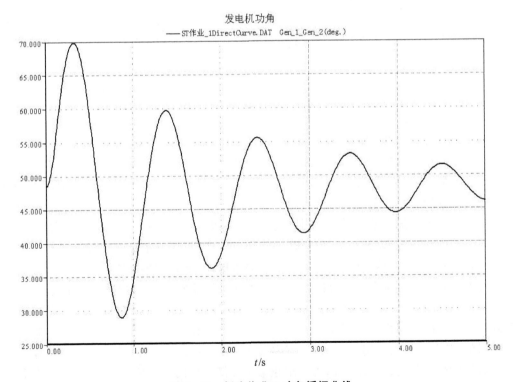

图 7 - 30　暂稳作业 2 功角摇摆曲线

发电机功角

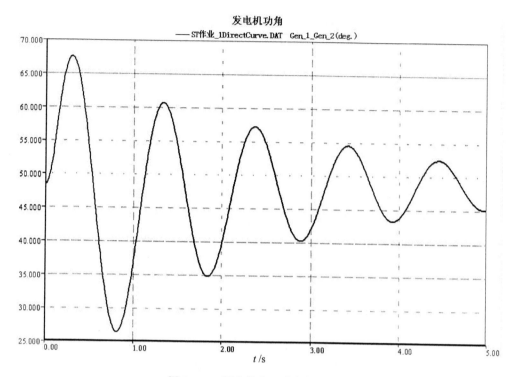

图 7 - 31　暂稳作业 3 功角摇摆曲线

发电机功角

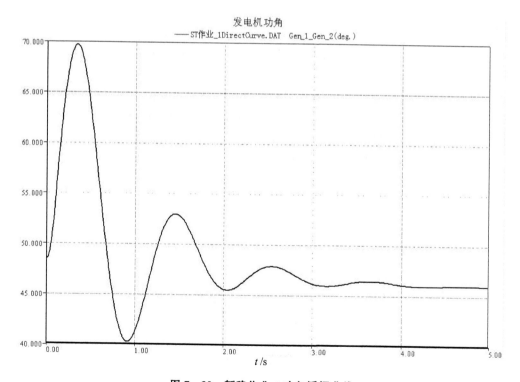

图 7 - 32　暂稳作业 4 功角摇摆曲线

第四节 电压稳定计算

一、电压稳定计算概述

电压稳定计算主要考虑负荷、发电机、发电机励磁系统、有载调压变压器分接头等与电压稳定性密切相关的动态元件特性。在基于潮流计算的基础上,选择发电机、负荷、变压器的运行方式,控制信息进行常规潮流、病态潮流、主导负荷点和步长等选择设置。可以充分考虑负荷静特性,变压器有载调压等因素,计算结果以完整 PV 曲线或 PQ 曲线输出。报表结果内容显示电压的稳定裕度以及当前电力系统距离电压不稳定点的距离,进而分析可以引发系统电压崩溃的薄弱区域与薄弱点,计算电压失稳临界点,保证电网正常运行。电压稳定性计算分析涉及系统中各元件(发电机及其励磁系统、负荷动特性、有载调压变压器、无功补偿装置等)的动态特性,并和系统结构、参数和运行方式等有着密切关系,十分复杂。对电压稳定的研究还远远不如同步运行稳定性和频率稳定性那样深入。

电压稳定与负荷关系紧密,仿真中负荷模型和参数是否合适将直接影响到结果的可信度和准确性。

现在我国电网规划、调度中使用较多的是静态负荷模型,感应电动机由其中的恒定功率部分来模拟,使用中它具有一些局限性,例如不能表示电压波动幅度较大时无功和电压高灵敏度的非线性关系等;尤其是采用静态负荷模型分析电压稳定得出的结论偏于乐观。

目前,负荷中心的空调负荷所占比例越来越大,而且随天气变化其数量增减剧烈,难以预测,故障后对电网的电压恢复构成较严重的危险;电网中工业电动机负荷占的比率不小,启动电流较大,对无功的需求很大;随着电力电子技术的广泛应用,很多负荷对电压的灵敏度降低,类似恒定功率性质,均不利于电压的恢复。

从电力系统负荷实际构成来看,感应电动机是电力系统负荷的主要成分。根据参考文献21 研究,江苏电网某个典型变电站以感应电动机为代表的动态负荷高达 70%;根据参考文献22,福建电网负荷中电动机比例高达 36%~54%。因此,负荷模型中需要适当装配一定比例的电动机,有利于更好地模拟负荷动态特性。

PSASP 软件中,感应电动机模型采用了三阶模型,该负荷模型基于电动机的实际物理模型,包括转子动态、忽略定子电磁暂态过程,在一定程度上可以模拟电动机的启动、减速和停转状况。

二、电压稳定算例分析

CEPRI7 节点系统算例:本系统由三台发电机、四台双绕组变压器和一个并联电抗器组成,其中 S1 是平衡节点,G1 为 PQ 节点,G2 为 PV 节点,负荷所连母线的节点是 PQ 节点,两台变压器的接线方式是三角形/三角形接线,系统的参数分布图如图 7-33 所示。

在系统单线图完成之后,进行系统的潮流计算,系统的潮流分布如图 7-34 所示。

(1) 潮流结果报表

潮流结果报表以 Excel 形式输出系统中所有元件的结果,包括总的有功发电、总的有功负荷和总的有功损耗。本系统部分元件输出数据标幺值结果如表 7-2~表 7-4 所列。

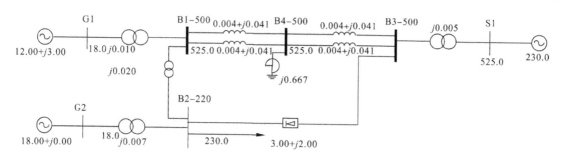

图 7 - 33　CEPRI7 节点系统图

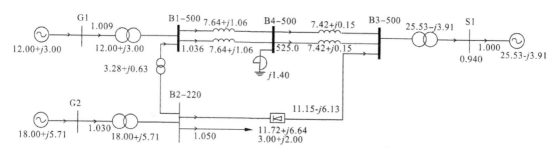

图 7 - 34　CEPRI7 节点系统潮流计算结果图

表 7 - 2　结果综述表

全　网	总有功 发电/p. u.	总无功 发电/p. u.	$\cos\theta_g$	总有功 负荷/p. u.	总无功 负荷/pu	$\cos\theta_l$	总有功 损耗/p. u.
30	8.71	0.96	28.53	1.91	0.91	1.47	5.15

表 7 - 3　负荷结果报表

负荷名称	母线名	类　型	有功负荷/pu	无功负荷/pu	功率因数
B2 - 220	B2 - 220	PQ	3.00	2.00	0.83

表 7 - 4　发电机结果报表

负荷名称	母线名	类　型	有功负荷/pu	无功负荷/pu	功率因数
S1	S1	$P\theta$	-25.53	3.91	0.99
G1	G1	PQ	12	3	0.97
G2	G2	PV	18	5.71	0.95

（2）电压稳定计算设置

在潮流计算的基础上，分析负荷 B2 - 220 电压稳定情况，负荷过渡方式按初值设置，范围为全网，设定对象为 PL、QL。常规潮流方法设置为牛顿功率法，步长设置为 0.1，以与 G1 节点相连的变压器为断面观察 PV 曲线，结果如图 7 - 35 所示。

（3）电压稳定计算结果输出

电压稳定计算结果以 Excel 报表形式输出系统中所有结果，包括发电机稳定极限结果，负

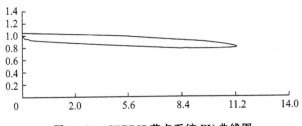

图 7 - 35　CEPRI7 节点系统 PV 曲线图

荷稳定极限结果,报表为数据均为标幺值输出,本系统部分元件输出结果如表 7 - 5～表 7 - 7 所列。

　　PV 曲线的顶点(|Z|＝|ZS|)就是电压稳定临界点,对应着电力系统的负荷极限状态,由表 7 - 6 和表 7 - 7 可看出各节点的灵敏度越大,参与因子越多,则区域越薄弱,即 G1 为系统的薄弱节点和薄弱区域。

表 7 - 5　发电机稳定极限报表

负荷名称	P_g	Q_g	P_g 裕度	Q_g 裕度	P_g 极限	Q_g 极限
S1	−25.53	3.91	10.45	2.44	−15.08	7.15
G1	12	3	11.24	7.49	23.24	10.49
G2	18	5.71	11.24	36.91	19.24	42.62

表 7 - 6　负荷稳定极限报表

母线名	P1	Q1	P1 裕度	Q1 裕度	P1 极限	Q2 极限
B2 - 220	3	2	33.71	22.47	36.71	24.47

表 7 - 7　电压灵敏度分析表

母线名	初始灵敏度	极限点灵敏度
B1 - 500	0.268 987	0.307 506
B2 - 220	0.074 404	0.151 795
B3 - 500	0.072 343	0.032 693
B4 - 500	0.280 594	0.185 017
G1	0.303 672	0.312 99

第八章 电能质量计算

第一节 电能质量概述

电能是一种特殊的商品,由于它涉及供、用电双方,所以它的质量不是仅仅依靠供电方就可以保证的,同时还需要用电方的维护和改善。基于这种矛盾的特殊性质,从而决定了电能质量不能仅由供电企业决定,用电负荷的性质、干扰产生的影响也会决定电能质量的一些指标。

电力系统用电装置的迅速增加,尤其是一些具有强烈冲击性、非线性、严重不平衡特性的设备源源不断投入,造成了非线性负载(如电弧炉、中频炉,以及一些电力整流设备等)在电力系统中的广泛使用,这将使电能质量问题日趋恶化。另外,随着微电子技术的不断发展,出现了精度比较高的自动化系统、智能化控制器等一些装置,众多设备逐渐对供电质量愈加敏感,造成用户对电能质量的要求也越来越高。

面对电能质量的下降,应该由哪一方进行治理,或者说哪一方应该承担主要责任,需要制定一个科学的、实用的电能质量评估体系,以此作为依据来判断。电能质量问题主要是由哪一方造成的,那责任就是谁的,有助于改变目前各方互相推卸责任、无人治理的被动局面。由此可知,电能质量评估原则主要体现在"治旧堵新""谁污染谁治理"上。

针对新增或扩容的电力用户,在接入系统前,要进行一个合理的、科学的电能质量评估;针对老用户所产生的干扰,在做出正确评估的同时,还要采取相应的治理措施,保证电力系统的安全、稳定运行。

随着电力用户对电能质量要求的不断提高和电力市场化的不断发展,电能质量问题不再简单的是电力系统运行的技术性问题,而是涉及经济、资源等方面的管理问题。从 20 世纪 80年代初到目前为止,各国都根据实际情况制定了相关的电能质量标准,所制定的标准是为了使电力系统能够稳定、可靠运行,营造良好的电气工作环境,约束电力用户,使装置能够正常使用电能,而不造成污染。电能质量监督管理的实施,供用电双方合法权益的维护,电力监管部门监督职能的执行,都把标准作为权威的根本。我国国家技术监督局先后组织制定并颁布了六项电能质量国家标准,但是,目前还缺少一种能够综合、全面反应电能质量的电能质量综合评估方法。

对新增、扩建及增容的电力污染用户的电能质量评估的主要目的是"堵新"。所谓"堵新"就是将预测评估的结果作为电力用户是否采取治理措施的一个主要依据,一旦电力用户的谐波、电压偏差、三相电压不平衡度等电能质量指标不合格,则需要采取一定的措施对电能质量进行治理,安装治理装置后才允许接入电网。这样不仅将电能质量的污染源扼杀于摇篮之中,同时也保证了电力系统具有良好的电能质量。电能质量的合理评估具有以下重要的现实意义。

① 电能作为一种特殊的商品,电能质量的评估为其分质计价提供了参考,从而完善电力市场。

②电能质量评估的实现不仅为供、用电双方制定供电合同提供重要依据,也为明确电能质量的责任提供重要参考。

③电能质量的正确评估为电能质量优劣的判断提供了参考依据。

④电能质量的评估为分析、解决供电力系统电能质量提供了重要前提。

⑤电能质量的合理评估能够明确电能质量的干扰源,从而明确电能质量治理的责任,为电能质量的治理提供了先决条件。

通过对电力系统电能质量的评估,可以及时、准确地了解和掌握电能质量状况及系统的运行状况。电力系统电能质量的治理是基于电能质量的合理评估,只有对电能质量问题进行确切的分析评估,明确症结所在,才能采取对策,从而有效地改善电能质量的综合情况。电能质量的评估为电能质量治理的优先顺序提供了决策支持;同时,电能质量的治理可以显著改善电能质量的整体情况,两者相辅相成。因此,基于"治旧堵新""谁污染谁治理"的原则和供电电能质量的改善,针对新建或者扩建的污染源用户的电能质量评估和治理已成为电能质量问题中亟待解决的重要课题。

第二节　电能质量各指标限值计算

一、电压偏差

1. 电压偏差的概念

供电系统在正常运行时,某一节点的实际电压和系统标称电压之差对系统标称电压的百分数称为这一节点的电压偏差,数学表达式如下:

$$\delta U = \frac{U_{re} - U_N}{U_N} \times 100\ \%　　　　　　　(8-1)$$

式中:

δU——电压偏差,%;

U_{re}——电压测量值,kV;

U_N——系统标称电压,kV。

在电力系统中,所有的元件均按照额定工况运行的情况很难出现,由于用电负荷的变化、电网运行方式的随时改变,使得系统中各点电压发生变化。输电线路中的大量无功功率在通过线路和变压器的过程中,由于存在阻抗,导致输电线路和变压器的首末端电压出现差值,这就是引起电压偏差的根本原因。

假设送入电网的有功功率为P,无功功率为Q,线路和变压器的总阻抗为$Z=R+jX$,电网端的电压为U,则在线路和变压器中的电压损耗近似为:

$$\Delta U \approx \frac{PR + QX}{U} \times 100\ \%　　　　　　　(8-2)$$

当电压出现偏差后,对家用电器、变压器、电动机和照明设备等都将产生一系列的不良影响,严重时使其不能使用,甚至直接毁坏。

对于照明设备,常见的有照明灯,照明灯对于电压的波动十分敏感,电压波动会影响到照明灯的使用寿命。已有实验显示,当照明灯的电压相比其额定电压降低5%时,其光通量减少

18%。而当照明灯电压相比其额定电压升高 5%时,其寿命将减少 30%。

对于电动机而言,电压波动使电压偏高之后,有可能使其绝缘损坏,或者由于磁路的饱和,端电压的升高导致励磁电流急剧增大导致电机毁坏。

对于变压器而言,电压的升高促使变压器铁心损耗增大。在传输相同功率的条件下,如果电压降低,势必电流升高,变压器绕组参数为定值,则变压器绕组上的功率消耗也会增加。再者,变压器电压升高促使变压器温度和电场强度增加,导致变压器绝缘加速老化,影响变压器寿命。

由上可知,电压偏差会给电力系统中的各个部件造成严重的影响,因此,电压偏差问题不容忽视。

2. 电压偏差限值

由于 35 kV 以上供电线路基本无直接用电设备,因此,我国对于 35 kV 及以下供电系统规定了电压偏差的限值,具体如下:

① 35 kV 及以上电压等级的供电电压的正、负偏差绝对值之和不能超过系统标称电压的 10%。

② 20 kV 及以下三相供电系统的电压偏差不超过系统标称电压的±7%。

③ 220 V 单相供电系统的正、负电压偏差分别不超过系统标称电压的+7%～-10%。

我国对电压偏差的详细规定参照国标《电能质量 供电电压偏差》(GB/T 12325—2008)。

二、谐波电压

根据国家标准《电能质量 公用电网谐波》(GB/T 14549 93)中的规定,公用电网谐波电压(相电压)限值如表 8-1 所列。

表 8-1　公用电网谐波电压限值

电网标称电压/kV	电压总谐波畸变率/THD,%	各次谐波电压含有率/%	
		奇　次	偶　次
0.38	5.0	4.0	2.0
6	4.0	3.2	1.6
10			
35	3.0	2.4	1.2
66			
110	2.0	1.6	0.8

注:标称电压为 220 kV 的公用电网可参考 110 kV 执行。

三、谐波电流

根据国家标准《电能质量 公用电网谐波》(GB/T 14549—1993),接入公共连接点(PCC点)的用户向该点注入的谐波电流不应该超过规定的允许值;允许值需根据 PCC 点母线最小短路容量、供电设备容量、用户用电协议容量计算。

1. 各次谐波电流允许值的修正

$$I_h = \frac{S_{sc1}}{S_{sc2}} I_{hp} \qquad (8-3)$$

式中：

I_h——h 次谐波电流修正后的允许值，A；

I_{hp}——按基准短路容量计算的 h 次注入公共点的谐波允许值，A；

S_{sc1}——公共点的最小短路容量，MV·A；

S_{sc2}——基准短路容量，MV·A。

2. 各次谐波含有率和电压总畸变率

(1) 第 h 次的谐波电压的含有率 HRU_h 的定义

$$HRU_h = \frac{U_h}{U_1} \times 100\ \% \qquad (8-4)$$

式中：

U_h——h 次谐波电压修正后的允许值（方均根值），kV；

U_1——基波电压（方均根值），kV。

(2) 第 h 次的谐波含有率 HRU_h 与第 h 次的谐波分量的关系

$$HRU_h = \frac{\sqrt{3} U_N I_h h}{10 S_{sc1}} (\%) \qquad (8-5)$$

式中：U_N——电网标称电压，kV。

(3) 谐波电压含量 U_H 的定义

$$U_H = \sqrt{\sum_{h=2}^{\infty} (U_h)^2} \qquad (8-6)$$

(4) 电压总畸变率 THD_U 的定义

$$THD_U = \frac{U_h}{U_1} \times \% \qquad (8-7)$$

四、电压波动和闪变

1. 电压波动

国家标准《电能质量 电压波动和闪变》(GB/T 12326—2008)对于电压波动的限值如表 8-2 所列。

对于 220 kV 以上超高压(EHV)系统的电压波动限值可参照高压(HV)系统执行。电压波动采用式(8-8)进行计算，即

$$d \approx \frac{\Delta Q_i}{S_{sc}} \times 100\ \% \qquad (8-8)$$

式中：

ΔQ_i——负荷无功变动量，kVar；

S_{sc}——考察点(一般为 PCC)在正常较小方式下的短路容量，kV·A。

表 8 - 2　GB/T 12326 2008《电能质量 电压波动和闪变》对于电压波动的限值

变动频率 $r/(次 \cdot h^{-1})$	电压波动限值 $d/\%$	
	LV、MV	HV
$r \leqslant 1$	4	3
$1 < r \leqslant 10$	3*	2.5*
$10 < r \leqslant 100$	2	1.5
$100 < r \leqslant 1\,000$	1.25	1

注:1. 很少的变动频度 r（每日少于 1 次），电压变动限值 d 可以放宽，但不在本标准中规定。

2. 对于随机性不规则的电压波动，如电弧炉负荷引起的电压波动，表中标有"*"的值为其限值。

3. 参照 GB/T 156 2007，本标准中系统标称电压 U_N 等级按以下划分:

低压(LV)　　$U_N \leqslant 1$ kV

中压(MV)　　1 kV$ < U_N \leqslant 35$ kV

高压(HV)　　35 kV$ < U_N \leqslant 220$ kV

2. 闪　变

国家标准《电能质量 电压波动和闪变》(GB/T 12326—2008)对于电压闪变的限值为:

(1) 电力系统公共连接点

在系统正常运行的较小方式下，以一周(168 h)为测量周期，所有长时间闪变值 P_{lt} 都应满足表 8 - 3 闪变限值的要求。

表 8 - 3　闪变限值 P_{lt}

$\leqslant 110$ kV	> 110 kV
1	0.8

(2) 任何一个波动负荷用户在电力系统公共连接点单独引起的闪变值应满足

电力系统正常运行的较小方式下，波动负荷处于正常、连续工作状态，以一天(24 h)为测量周期，并保证波动负荷的最大工作周期包含在内，测量获得的最大长时间闪变值和波动负荷退出的背景闪变值，通过以下公式计算波动负荷单独引起的长时间闪变值，即

$$P_{lt2} = \sqrt[3]{P_{lt1}^3 - P_{lt0}^3} \tag{8-9}$$

式中:

P_{lt1}——波动负荷投入时的长时间闪变测量值;

P_{lt0}——背景闪变值，是波动负荷退出时一段时间内的长时间闪变测量值;

P_{lt2}——波动负荷单独引起的长时间闪变值。

波动负荷单独引起的闪变值根据用户负荷大小、其协议用电容量占总供电容量的比例以及电力系统公共连接点的状况，根据《电能质量 电压波动和闪变》(GB/T 12326—2008)4.3.2节分别按三级作不同的规定和处理。

五、三相电压不平衡度

根据国家标准《电能质量 三相电压不平衡》(GB/T 15543—2008)中的规定:

① 电力系统公共连接点电压不平衡度限值为：电网正常运行时，负序电压不平衡度不超过 2%，短时不得超过 4%。

② 接于公共连接点的每个用户引起该点负序电压不平衡度允许值一般为 1.3%，短时不超过 2.6%。根据连接点的负荷状况以及邻近发电机、继电保护和自动装置安全运行要求，该允许值可作适当变动，但必须满足①的规定。

第三节　PSASP 电能质量计算

一、PSASP 电能质量计算的主要功能和特点

PSASP 根据国家《电能质量公用电网谐波》(GB/T 14549—1993)的标准编制了谐波分析指标，并可根据公共连接点供电容量、用户协议容量等具体实际数值计算用户实际的谐波限值。

对交流线、变压器和负荷等元件定义的多种谐波分析模型，可根据实际情况进行选取，使计算结果更加精确。定义的三种牵引变压器的数学模型，可以进行电气化铁路谐波和三相电压不平衡的计算。定义的 9 种无源滤波器模型，可以根据电网实际情况进行方便选择。并且根据电力牵引负荷的实际需要，定义了单相滤波器模型。

谐波源的输入简单、方便、灵活并可进行多个谐波源的谐波潮流计算。

PSASP 电能质量计算的主要功能可概括为以下几个方面：

① 可以进行频率扫描计算：选择全网任意一条母线或任意两条母线，选择任意频率段、频率间隔进行全网的频率扫描计算，得到所选母线的输入端阻抗的频率扫描或两条母线的转移阻抗的频率扫描。根据频率扫描可进一步确定系统的并联谐振频率和串联谐振频率。

② 可以进行全网单相谐波潮流计算、三相不对称谐波潮流计算。

③ 可以进行三相电压不平衡计算、电压波动和闪变计算。

计算结果输出的内容和形式多种多样。可分别输出每条母线的谐波电压和重要的谐波度量数据，也可输出所有交流线、变压器的各次谐波电流等数据。

二、计算模型介绍

1. 单相网络模型

频率扫描计算、单相谐波计算使用的是单相（正序）网络模型，如图 8-1 所示。

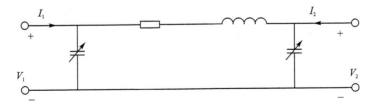

图 8-1　单相网络模型示意图

2．三相网络模型

三相谐波计算、三相电压不平衡计算使用的是三相网络模型，如图 8 - 2 所示。

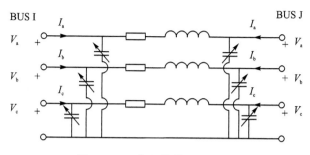

图 8 - 2　三相网络模型示意图

3．谐波主要模型

（1）交流线谐波模型

交流线有三种模型可选（见图 8 - 3）：

① IEEE 交流线模型：通常用于短传输线；

② 分布参数模型：通常用于长传输线；

③ IEEE 电缆模型：通常用于电缆。

模型的具体计算公式可查阅说明书等相关文档（以下同）。

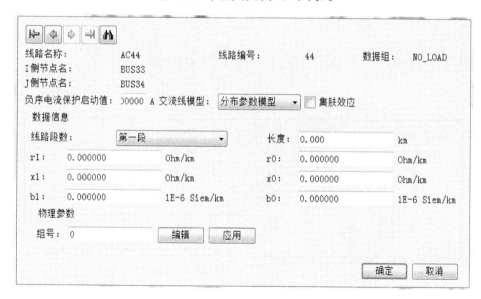

图 8 - 3　交流线谐波模型参数设置

（2）变压器谐波模型

变压器有三种模型可选（见图 8 - 4）：

① 常规变压器模型；

② CIGRE 变压器模型；

③ IEEE 变压器模型。

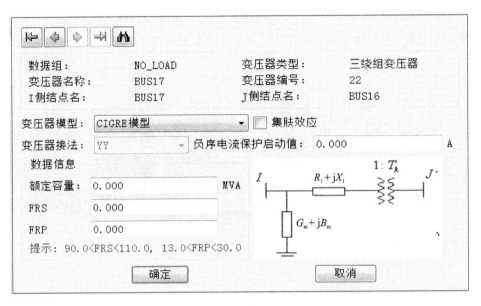

图 8 - 4　变压器谐波模型参数设置

(3) 负荷谐波模型

负荷有五种模型可选（见图 8 - 5）：

① RL 并联模型；

② 恒阻抗与电动机并联模型；

③ RL 串联模型；

④ 综合负荷模型；

⑤ 谐波源。

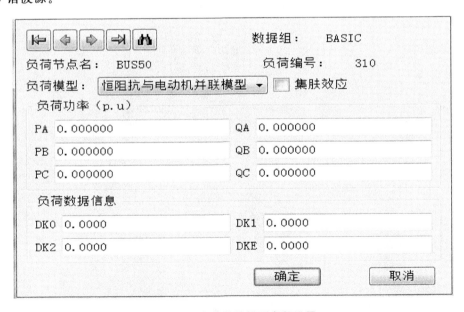

图 8 - 5　负荷谐波模型参数设置

(4) 滤波器模型

滤波器通用模型见图 8-6,各类型滤波器参数设置见表 8-4。

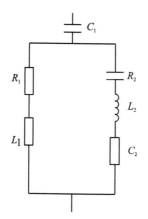

图 8-6 滤波器通用模型

表 8-4 滤波器参数设置表

模型编号	R_1	L_1	C_1	R_2	L_2	C_2
1 普通型(1 型)	0	有效	有效	∞	∞	∞
2(一阶减幅)	有效	0	有效	∞	∞	∞
3(二阶减幅)	有效	0	有效	0	有效	0
4(三阶减幅)	0	有效	有效	有效	0	有效
5(单调谐)	有效	有效	有效	∞	∞	∞
6(高通 Undamped)	0	有效	有效	0	0	有效
7(高通 Damped)	有效	0	有效	有效	有效	0
8(By-Pass)	0	有效	有效	0	0	有效
9(C 型)	有效	0	有效	0	有效	有效

滤波器模型选择及参数输入界面如图 8-7 所示。

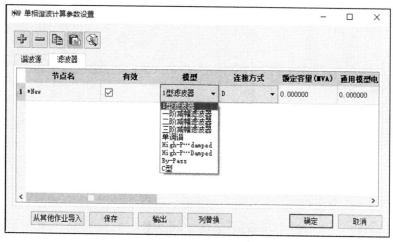

图 8-7 滤波器模型选择及参数输入界面

　　工程设计中须选择相应的滤波器模型,并根据表 8 - 4 中相应的滤波器类型输入相关参数。

(5) 牵引供电系统模型

　　牵引供电系统模型如图 8-8 所示。

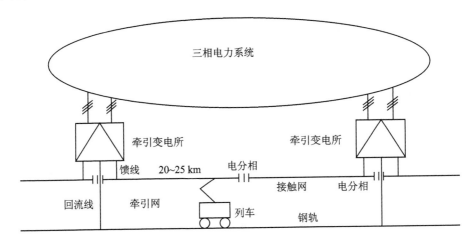

图 8 - 8　牵引供电系统示意图

　　现程序提供了三种牵引变压器模型:YnD11 接线牵引变压器模型(见图 8 - 9)、V/V 接线牵引变压器模型(见图 8 - 10)、Scott 接线牵引变压器模型(见图 8 - 11)。

　　① YnD11 接线牵引变压器模型,如图 8 - 9 所示。

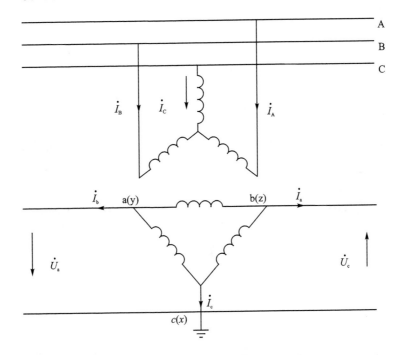

图 8 - 9　YnD11 接线牵引变压器模型示意图

② V/V 接线牵引变压器模型,如图 8-10 所示。

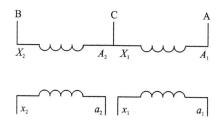

图 8-10　V/V 接线牵引变压器模型示意图

③ Scott 接线牵引变压器模型,如图 8-11 所示。

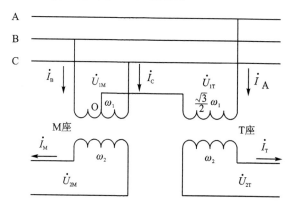

图 8-11　Scott 接线牵引变压器模型示意图

三、电能质量主要计算

1. 谐波电流限值

谐波电流限值的计算依据是《电能质量供用电网谐波》(GB/T 14549—1993),程序可利用公共连接点的基准短路容量和最小短路容量,通过"限值计算"得到该公共连接点允许注入的谐波电流限值。图 8-12 所示为谐波电流限值计算界面。

值得注意的是,本程序计算的谐波电流限值程序不支持公共节点上不同用户的"限值计算"功能。

实际工程中,需要计算单个用户在公共连接点允许注入的各次谐波含量限值,对于某个公共连接点上单个用户向电网注入的谐波电流允许值,需要按此用户在该点的协议供电容量与其公共连接点的供电设备容量之比进行分配,详见式(8-3)。

2. 频率扫描计算

频率扫描计算主要用来计算从系统某一母线看进去的网络频率响应,计算可得任意母线在任意指定频率的入端阻抗。

频率扫描是获取系统谐波谐振条件的最为有效的方法,此外,频率扫描还有助于滤波器的设计等。

图 8-13 所示为频率扫描计算参数的设置。

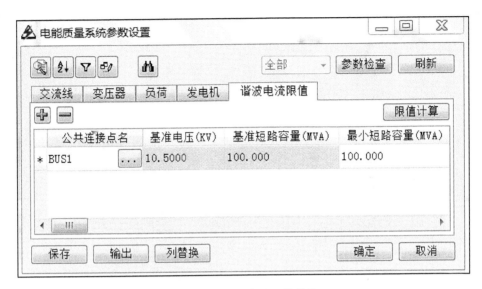

图 8 - 12　谐波电流限值计算

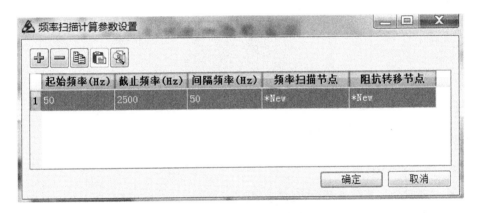

图 8 - 13　频率扫描计算参数设置

3. 谐波潮流计算

谐波潮流计算主要用来分析谐波在系统中的分布情况。

PSASP 现采用线性分析方法,录入谐波源和滤波器参数,建立线性方程,得到谐波分布数据。另外,三相谐波计算可选用电气化铁路中的牵引变压器及所连的谐波源和滤波器模型。

图 8 - 14 所示为单相谐波电流计算参数设置界面。图 8 - 15 所示为三相谐波电流计算参数设置界面。

谐波计算需要注意的问题:

① 计算前需要对基础数据进行检查,新建线路、变压器支路的编号不能重复或为 0,如果出现上述情况就会出现错误,无法进行计算。

② 程序中所有的负荷数据必须为标幺值,否则计算结果错误。

③ 查看计算结果时,需要勾选全网。若要查看谐波电流需要勾选"交流线",查看电压需要勾选"电压",如图 8 - 16 所示。

图 8 - 14　单相谐波电流计算参数设置

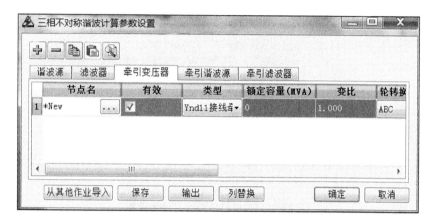

图 8 - 15　三相谐波电流计算参数设置

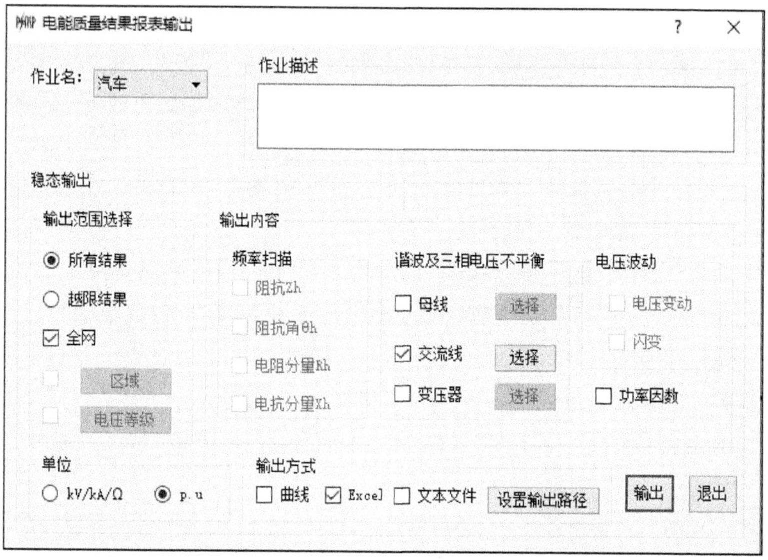

图 8 - 16　电能质量结果输出

4. 三相电压不平衡计算

三相电压不平衡计算用于分析由不对称负荷引起的公共连接点处三相电压、电流的不平衡。

计算时采用三相网络模型，某些节点选择相电流源（ABC 相）、序电流源（正负零序）或电铁项目的牵引变压器及牵引电流源、牵引滤波器，然后解线性方程得到相应的电压和电流。

图 8－17 所示为三相不平衡计算参数设置界面图。

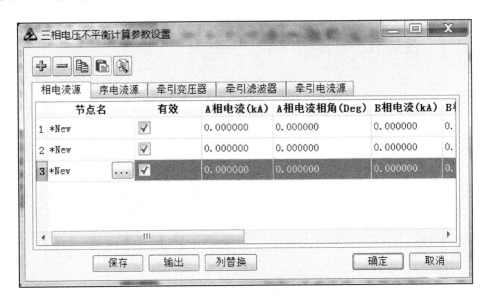

图 8－17　三相不平衡计算参数设置

5. 电压波动与闪变

该模块用于计算波动负荷影响下公共连接点处的电压波动值和闪变值。

算法依据是《电能质量 电压波动与闪变》（GB/T 12326—2008），计算公式见标准文件。

电压波动指的是电压均方根值一系列相对快速变动或连续改变的现象，并用相对电压变化量描述。

PSASP 已考虑的波动负荷类型包括：已知三相有功功率和无功功率变化量的负荷、高压电网负荷、平衡三相负荷和相间单相负荷。

闪变指的是由电光源的电压波动造成灯光照度不稳定的人眼视觉反应。它与电压变动的大小、频谱分布、波动次数等多个因素有关系，难以建立精确统一的数学模型。

程序目前可做闪变值评估的波动负荷包括：造成矩形电压波动的负荷（利用单位闪变曲线评估）、交流电弧炉、直流电弧炉、精炼电弧炉和康斯丁电弧炉。

图 8－18 所示为电压波动与闪变参数设置图。

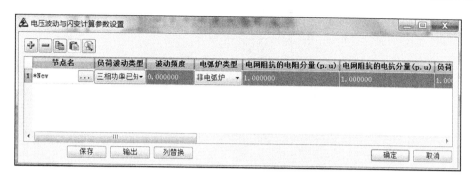

图 8-18　电压波动与闪变参数设置

第四节　电能质量计算评估

一、三级评估原则

根据国家电网公司企业标准《电能质量评估技术导则》（Q/GDW 10651—2015），考虑不同用户的电能质量影响不同，对不同特性的用户应采取不同的评估方法。根据评估对象对各电能质量指标需求和影响程度的大小，预测评估可分为三级进行，划分原则如下：

① 第一级评估规定，对于低电压、小容量的一般电力用户，认为其引起的电能质量现象轻微，可不必进行评估直接接入电网。

② 对于不满足第一级评估规定的电力用户，应进入第二级评估，本级评估通常采用简化计算方法。

③ 对于不满足第二级评估规定或第二级评估不满足要求的电力用户则应进入第三级评估，本级评估一般采用电力系统仿真软件进行，评估结果不符合要求的需要提出可行的措施及改善效果。

三级评估流程如图 8-19 所示。

二、工程实例

1. 工程概况

某地铁工程，供电系统采用集中 110 kV/35 kV 供电方式。根据地铁供电需要，需设置一座110 kV 主变电站。采用 2 台两圈油浸式自冷主变压器，电压 110/35 kV，容量为 2×25 MV·A。地铁变电站主接线示意图如图 8-20 所示。

该地铁变电站系统供电方案为：第一回进线来自 220 kV 变电站一，电缆线路长度 8.4 km左右；第二回线路接 220 kV 变电站一至 220 kV 变电站二之间的联络线，电缆线路长度约1.8 km 左右。电缆型号 YJLW$_{03}$-64/110 kV-1×240 mm^2。地铁变电站接入系统示意图如图 8-21 所示。

地铁牵引站负荷对电网的影响主要包括整个系统产生的谐波和地铁车辆运行中频繁启停产生的有功、无功负荷的陡升、陡降，可能引起 PCC 点注入谐波超标、电压波动和有功负荷的冲击对附近发电机组产生影响，地铁负荷接入系统的 PCC 点电能质量应满足国标要求。

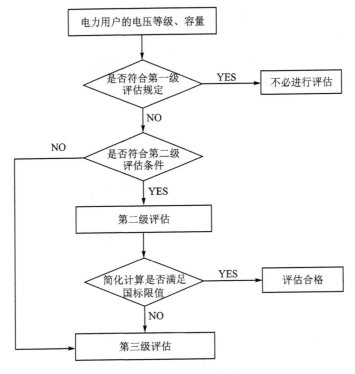

图 8 - 19 三级评估流程图

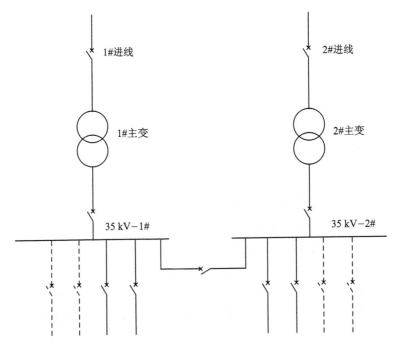

图 8 - 20 地铁变电站主接线示意图

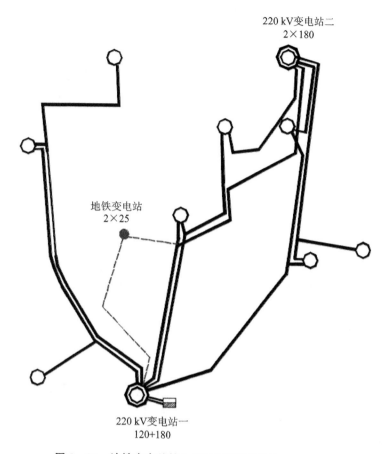

图 8 - 21　地铁变电站接入系统示意图(单位:MV·A)

2. 地铁工程供电系统运行方式

(1) 正常运行方式

① 110 kV 地铁主变电站:正常运行时,每台主变压器容量应承担其供电区域内的全部一、二、三级负荷的供电,地铁 110 kV 主变电所两路 110 kV 电源分列运行。

② 35 kV 供电系统:

a. 地铁 110 kV 主变电所 35 kV 侧两段母线分列运行,主变电所母联断路器打开。

b. 每个地铁变电所由两回 35 kV 电源供电。每个变电所的两台配电变压器分列运行,共同承担供电区域动力照明负荷,每个牵引降压混合的两套整流机组并联运行,向接触网供电。

c. 降压变电所 35 kV 环网联络开关打开,两个主变电站分开供电。

③ DC1500 V 直流牵引供电系统:正线接触网均由牵引变电所实行双边供电。

(2) 故障运行方式

① 110 kV 地铁主变电站:

a. 当相邻 110 kV 主变电所中一台主变压器故障退出运行(包括主变压器故障或检修和相应 110 kV 电源进线故障或检修)时,断开向该工程供电的 35 kV 馈电开关,合上主变电所内的 35 kV 母联开关和环网联络开关,由另一台主变压器负担该所供电区域内远期高峰小时牵引负荷及动力照明一、二级负荷需要。

b. 本站主变电所中一台主变压器故障退出运行(包括主变压器故障或检修和相应110 kV电源进线故障或检修)时,合上主变电所内的 35 kV 母联开关,由另一台主变压器负担该所供电区域内远期高峰小时牵引负荷及动力照明一、二级负荷需要。

c. 当本站主变电所解列时并且 35 kV 母线无故障的情况下,合上两主变电所间的环网联络开关,由相邻 110 kV 主变电所通过环网越区供电负担全线远期高峰小时牵引负荷及动力照明一、二级负荷需要。

d. 当相邻 110 kV 主变电所解列时并且 35 kV 母线无故障的情况下,断开向本站供电的35 kV 馈电开关,合上相邻 110 kV 主变电所和本站主变电所间的环网联络开关,由相邻的两座主变电所通过环网越区供电负担全线远期高峰小时牵引负荷及动力照明一、二级负荷需要。

② 35 kV 供电系统:当任一牵引降压混合变电所或降压变电所的一回 35 kV 进线电缆故障(包括检修)时,合上该所的 35 kV 母联开关,由另一回进线电缆负担该所供电区域内远期高峰小时牵引负荷及动力照明负荷需要,保证地铁系统正常运行。

③ DC1500 V 直流牵引供电系统:当降压变电所内的一台动力变压器故障解列(包括检修)时,合上变电所 400 V 侧的母联断路器,由另一台动力变压器承担该所供电区域内动力照明一、二级负荷需要。

(3) 运行方式分析

地铁变电站正常方式时为 4 个牵引变电站供电(牵引变电站 1 除外),每台主变同时为 2个牵引变电站负荷供电;较为严重的故障方式为相邻 110 kV 主变电所解列,此时本变电站 2台主变需要为该线全部牵引变电站供电;本变电站对电网影响最大的方式为本变电站 1 台110 kV 主变故障,此时地铁变电站 1 台主变将为该线 4 台牵引变电站供电。

3. 边界条件

(1) 最小短路容量

各公共连接点短路容量结果如表 8-5 所列。

表 8-5　各 PCC 点短路容量计算结果表

单位:MV·A

序　号	PCC 点	短路容量
1	变电站一 180 MV·A 主变 110 kV 母线	1 250
2	变电站一 120 MV·A 主变 110 kV 母线	725
3	变电站二 180 MV·A 主变 110 kV 母线	1 060
4	变电站二 180 MV·A 主变 110 kV 母线	1 110

(2) 谐波电压的背景

地铁所接入的 220 kV 变电站一,其 110 kV 母线电能质量背景情况如表 8-6 所列。

表 8-6　220 kV 变电站一的 110 kV 母线电能质量背景(谐波电压)

单位:%

序号/名称	谐波次数	110 kV 的 I 段母线	110 kV 的 II 段母线
1	2 次	0.037	0.041
2	3 次	0.385	0.278

序号/名称	谐波次数	110 kV 的 I 段母线	110 kV 的 II 段母线
3	4 次	0.021	0.015
4	5 次	0.638	0.486
5	6 次	0.032	0.012
6	7 次	0.185	0.264
7	8 次	0.017	0.01
8	9 次	0.03	0.028
9	10 次	0.008	0.008
10	11 次	0.375	0.263
11	12 次	0.009	0.007
12	13 次	0.199	0.162
13	14 次	0.008	0.01
14	15 次	0.033	0.034
15	16 次	0.009	0.01
16	17 次	0.069	0.066
17	18 次	0.006	0.006
18	19 次	0.047	0.034
19	20 次	0.005	0.005
20	21 次	0.01	0.009
21	22 次	0.004	0.004
22	23 次	0.018	0.014
23	24 次	0.004	0.004
24	25 次	0.016	0.007

注：① 220 kV 变电站一，其 110 kV 的 I 段母线由 120 MV·A 主变供电，110 kV 的 II 段母线由 180 MV·A 主变供电。

② 谐波电压的背景值取测试结果中的每相最大值，下同。

　　地铁拟接入的 220 kV 变电站一，其后期尚有另一用户接入，在计算 220 kV 变电站的一谐波电压时，还应该考虑叠加该用户变电站接入其 110 kV 母线后的谐波电压值。该用户在 220 kV 变电站一的 110 kV 母线上产生的最大可能谐波电压如表 8-7 所列。

表 8-7　某用户各次新增谐波产生的 PCC 点谐波电压含有率（无背景）

序号/名称	谐波次数	110 kV 的 I 段母线	110 kV 的 II 段母线
1	2 次	0.004	0.002
2	3 次	0.045	0.025
3	4 次	0.004	0.002

序号/名称	谐波次数	110 kV 的 I 段母线	110 kV 的 II 段母线
4	5 次	0.219	0.121
5	6 次	0.005	0.003
6	7 次	0.115	0.064
7	8 次	0.005	0.003
8	9 次	0.032	0.018
9	10 次	0.003	0.001
10	11 次	0.110	0.061
11	12 次	0.002	0.001
12	13 次	0.058	0.032
13	14 次	0.002	0.001
14	15 次	0.016	0.009
15	16 次	0.002	0.001
16	17 次	0.035	0.019
17	18 次	0.001	0.001
18	19 次	0.024	0.013
19	20 次	0.001	0.001
20	21 次	0.012	0.007
21	22 次	0.001	0.001
22	23 次	0.018	0.010
23	24 次	0.001	0.001
24	25 次	0.015	0.008
25	THD	0.287	0.159

地铁所接入的 220 kV 变电站二,其 110 kV 母线谐波背景的资料,其 5、7 次谐波电压相对较大,如表 8-8 所列。

表 8-8　220 kV 变电站二的 110 kV 母线电能质量背景（谐波电压）

单位:%

序号/名称	谐波次数	110 kV 的 I 段母线	110 kV 的 II 段母线
1	5 次	0.652	0.761
2	7 次	0.29	0.369

4. 电能质量仿真和计算评估

(1) 仿真工具

采用的仿真软件是中国电力科学研究院编制的《电力系统综合分析软件包》(PSASP 7.2)。该软件包可以准确地模拟电网在接有冲击负荷的情况下电网各元件的动态响应,并据此分析冲击负荷对电网公共接入点(PCC 点)的电压变动以及谐波对电网的影响程度。

（2）无功冲击负荷对电网的影响分析

① 由于地铁车辆频繁启停，无功负荷不断的随机变化，因而引起系统公共接入点的电压波动。根据地铁 5 个牵引站有功变化曲线进行叠加计算出该地铁线路有功负荷（最大）变化曲线，并认为无功负荷变化曲线基本与有功变化曲线相同（功率因数取 0.9）。根据图 8-22～图 8-26 得到牵引站 1 到牵引站 5 的有功负荷变化曲线如图 8-27 所示。

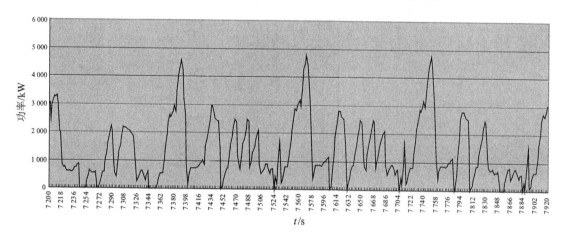

图 8-22　牵引站 1：远期高峰小时负荷

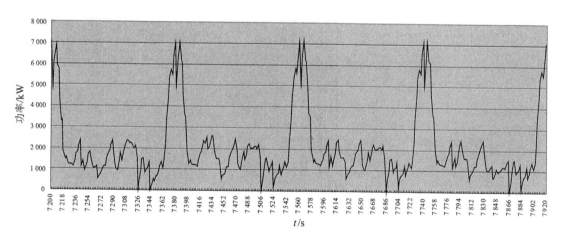

图 8-23　牵引站 2：远期高峰小时负荷

根据上述有功变化曲线，可对应得出无功变化曲线。

上述计算曲线是将本地铁变电站供电内的 5 个牵引站最大冲击量相叠加得到，是发生在故障情况下最极端的情况，正常方式时将比上述冲击值小，以下无功、有功冲击计算时均按以较为严重的故障方式进行计。

② 电压波动：

第一级评估：220 kV 变电站一的 110 kV 母线最小短路容量为 725 MV·A，用户协议容量 25 MV·A，则 $S_i/S_{sc}=3.45\%>1\%$，而 220 kV 变电站二的最小短路容量为 1 110 MV·A，用户协议容量 25 MV·A，则 $S_i/S_{sc}=2.25\%>1\%$。因此，均不满足《电能质量评估技术导则》（Q/GDW 10651—2015）7.3.1 节中 b 条对电压波动的第一级评估规定，需进行第二级评估。

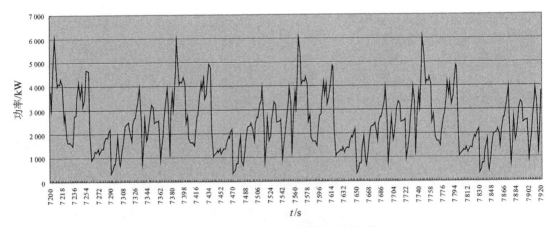

图 8 - 24　牵引站 3：远期高峰小时负荷

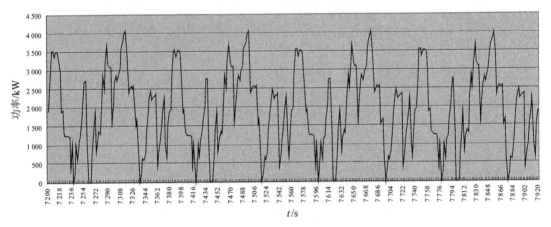

图 8 - 25　牵引站 4：远期高峰小时负荷

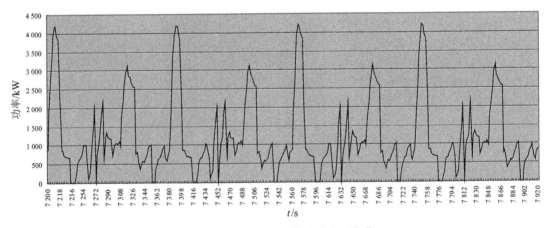

图 8 - 26　牵引站 5：远期高峰小时负荷

第二级评估：本级评估电压波动评估采用《电能质量评估技术导则（Q/GDW 10651—2015)》中依式(17)进行计算。

根据计算结果，在不考虑系统背景的情况下，本线路无功冲击负荷在 220 kV 变电站二的 110 kV 母线上可能产生的最大电压波动为 0.57。

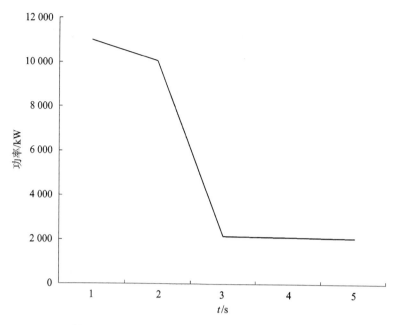

图 8-27　地铁变电站有功负荷变化计算曲线/kW

考虑接入变电站一的 110 kV Ⅰ、Ⅱ 段母线的一电厂停机时，此方式下 220 kV 变电站一的 120 MV·A 主变 110 kV 母线上产生的最大变压变动为 0.85，在 180 MV·A 主变 110 kV 产生的最大电压波动为 0.47%。若考虑电厂运行，则由于 110 kV 母线上短路容量相比更大，因此相应最大电压波动将减小。

从无功变化合成曲线分析，电压变动频度 r 取（$100 < r \leqslant 1\,000$），公共接入点电压变动的限值为 1%，由计算分析可知，在不计及系统背景的情况下，最大无功冲击在公共接入点上产生的电压变动均小于上述电能质量国家标准，因此地铁正常运行时 PCC 点的电压变动指标也能满足国家标准。

③ 电压闪变：

第一级评估：当用户满足下列要求时，可以不进行闪变核算直接接入电网。对于低压（LV）和高压（MV）用户，应满足表 8-9 所规定的限值。

表 8-9　LV 和 MV 用户第一级限值

R 次/min	$k = (\Delta S / S_{sc})_{max} / \%$
$r < 10$	0.4
$10 \leqslant r \leqslant 200$	0.2
$200 < r$	0.1

注：表中 ΔS 为波动负荷视在功率的变动；S_{sc} 为 PCC 短路容量。

根据地铁牵引负荷特性，电压变动次数取 10 次/min ≤ r ≤ 200 次/min，用户第一级限值 k 取 0.2%。根据图 8-27，负荷最大视在功率变动约为 8.89 MV·A；220 kV 变电站一的 110 kV 母线最小短路容量为 725 MV·A，$k = (\Delta S / S_{sc}) max / \% = 1.23\%$；220 kV 变电站二的最小短路容量为 1 110 MV·A，$k = (\Delta S / S_{sc}) max / \% = 0.80\%$；不满足电压闪变第一级评

估规定,需进行第二级评估。

第二级评估:当负荷为周期性等间隔矩形波(或阶跃波)时,闪变可通过其电压变动 d 和频度 r 进行估算。已知电压变动 d 和频度 r 时,可利用 $P_{st}=1$ 曲线由 r 查出对应于 $P_{st}=1$ 时的电压变动 d_{lim},取 d_{lim} 为 3%。根据地铁牵引负荷瞬时无功冲击量,通过计算,地铁变电站引起 220 kV 变电站一、220 kV 变电站二的 110 kV 母线的电压闪变值分别为 0.419、0.503 和 0.443、0.436。

由计算结果可见,地铁变电站引起 220 kV 变电站的电压闪变值均满足国标要求,无须进行第三级评估。

④ 需要注意的问题:短路容量对计算结果影响较大,计算前务必将系统侧短路容量计算准确,同时采用系统小方式。如果无系统小方式数据,短路容量可取系统大方式的 70%。

系统侧的电压水平对计算结果影响也很大,在计算前需要将系统电压水平调至 1.0 p.u.。

(3) 有功冲击负荷对发电机的影响分析

PSASP 程序电能质量计算模块无法计算有功冲击负荷对发电机的影响,对于有功冲击负荷对发电机的影响,需要到程序暂态稳定、冲击负荷里进行选择计算,详见本书第七章(暂态稳定计算)。

① 地铁车辆频繁的启停还将出现较大的功率陡升或陡降,功率的陡升、陡降会对接入公共点附近的发电机组运行带来一定的影响。主要反映在有功冲击瞬间,会引起系统公共接入点母线电压相位的突变,造成系统中所有发电机组对冲击点的功角有一个增量,各机组按其功角特性曲线初始运停点的斜率(同步功率)的大小来分担冲击功率,因此在电气距离上靠近冲击点的发电机组将会受到相对较大的冲击负荷增量,如果发电机组长期受到这种冲击,并且冲击的增量(ΔP)超过一定的数值会影响发电机的使用寿命,严重的情况还将可能引起发电机组与系统联络线功率振荡,影响系统和发电机组运行安全。因此有必要对地铁有功冲击负荷对系统的影响做计算分析。

该工程系统接入点附近的发电机组主要为接入变电站一的电厂,对其他发电机组的影响将远远小于该电厂,可不考虑。

根据前面叠加得出的有功功率变化曲线,计算地铁有功冲击负荷对附近发电机设备的影响,计算条件为电网小方式。

② 计算结果分析:地铁有功冲击负荷在接入系统的公共点附近发电机组上产生的最大电功率变化同其额定功率之比,在一定程度上反映了冲击负荷在机组间功率分担的相对关系。有功冲击对附近某电厂发电机组分担的电功率见表 8-10。

表 8-10　有功冲击负荷在发电机组分担的电功率表(%)

项　目	1×60 MW	2×60 MW
($\Delta P_e/P_n$%)	0.75	0.62

从计算结果表中可知,由于有功冲击负荷的量相对较小,并且变化速率相对也较小,有功冲击负荷对 PCC 点附近的发电厂机组分担电功率比例亦较小,同样在一地铁正常运行方式下,地铁负荷对附近发电机组的冲击影响也相对较小。

(4) 谐波电流

地铁牵引(整流)变电所向电动车组提供直流电源,向系统倒送出高次谐波,使系统的正弦波形畸变,电能质量降低。随着电力电子设备产品不断发展更新,特别是地铁负荷广泛采用了12脉波或24脉波整流机组后,地铁产生的谐波变得更少,对系统影响也越小。

① 谐波电流:根据《电能质量评估技术导则》(Q/GDW 10651 2015)8.4.3节中规定,直接进入第三级评估。

根据《电能质量 公用电网谐波》(GB/T 14549 93)规定(以下简称谐波规定),公共连接点的全部用户向该点注入的谐波电流分量限制值如表8-11所列。

表8-11　注入PCC点的谐波电流限制值

单位:A,MV·A

标准电压	基准短路容量	3次	5次	7次	9次	11次	13次	23次	25次
110 kV	750	9.6	9.6	6.8	3.2	4.3	3.7	2.1	1.9

并且规定,同一公共连接点的每个用户向电网注入的谐波电流允许值按此用户在该点的协议容量与公共连接点的供电设备容量之比进行分配。

根据该规定,用户协议容量近远期均取25 MV·A,对应供电变压器主变容量分别取单台容量,其中220 kV变电站一分别取120 MV·A和180 MV·A,220 kV变电站二的两台主变均取180 MV·A。经计算220 kV变电站一、220 kV变电站二的110 kV母线允许注入的谐波电流值见表8-12。

表8-12　注入公共接入点(110 kV母线)的谐波电流允许值

单位:A

序　号	谐波次数	220 kV变电站一的120 MV·A变110 kV母线	220 kV变电站一的180 MV·A变110 kV母线	220 kV变电站一的180 MV·A变110 kV母线
1	3次	2.23	2.66	2.36
2	5次	2.51	3.09	2.74
3	7次	2.14	2.77	2.46
4	9次	1.41	1.99	1.77
5	11次	1.74	2.39	2.13
6	13次	1.57	2.18	1.94
7	23次	0.93	1.30	1.16
8	25次	0.84	1.18	1.05

根据前面对地铁运行方式的分析,对电网影响最大的方式为地铁变电站1台主变故障退出,谐波电流计算也基于这种运行方式进行计算。地铁各牵引站注入35 kV电网的谐波电流发生量见表8-13～表8-14。经计算,在上述方式下注入PCC点的各次谐波电流值如表8-15所列。

从表8-15地铁注入公共接入点110 kV母线上的谐波电流值与表8-12允许注入谐波电流值比较,得出地铁近期及远景注入电网的谐波电流与国标的比较结果如表8-16和表8-17所列。

表 8 - 13　各牵引站注入 35 kV 电网的谐波电流发生量

单位：A

牵引变电所	一	二	三	四	五
5 次谐波电流/A	0.71	1.09	1.40	1.22	0.99
7 次谐波电流/A	0.44	0.67	0.86	0.75	0.61
11 次谐波电流/A	0.19	0.29	0.38	0.33	0.27
13 次谐波电流/A	0.11	0.17	0.21	0.19	0.15
23 次谐波电流/A	0.25	0.38	0.48	0.42	0.34
25 次谐波电流/A	0.22	0.34	0.43	0.38	0.30

表 8 - 14　远期各牵引站注入 35 kV 电网的谐波电流发生量

单位：A

牵引变电所	一	二	三	四	五
5 次谐波电流/A	0.39	0.71	0.82	0.65	0.59
7 次谐波电流/A	0.24	0.43	0.51	0.40	0.36
11 次谐波电流/A	0.10	0.19	0.22	0.17	0.16
13 次谐波电流/A	0.06	0.11	0.13	0.10	0.09
23 次谐波电流/A	0.13	0.24	0.28	0.22	0.20
25 次谐波电流/A	0.12	0.22	0.25	0.20	0.18

表 8 - 15　注入公共接入点 110 kV 母线上的谐波电流值

单位：A

名称/次数		5	7	11	13	23	25
地铁 110 kV 侧	近期	1.38	0.69	0.23	0.13	0.27	0.24
	远期	0.84	0.42	0.14	0.08	0.16	0.15

注：表中的谐波电流在不同变电站故障时可能注入 220 kV 变电站 110 kV 母线。

表 8 - 16　近期地铁注入电网的谐波电流与国标比较结果

序　号	谐波次数	220 kV 变电站一的 120 MV·A 变 110 kV 母线	220 kV 变电站一的 180 MV·A 变 110 kV 母线	220 kV 变电站二的 180 MV·A 变 110 kV 母线
1	3 次	√	√	√
2	5 次	√	√	√
3	7 次	√	√	√
4	9 次	√	√	√
5	11 次	√	√	√
6	13 次	√	√	√
7	23 次	√	√	√
8	25 次	√	√	√

注："√"表示该指标在国标规定范围内，下同。

表 8－17　　远期地铁注入电网的谐波电流与国标比较结果

序　号	谐波次数	220 kV 变电站一的 120 MV·A 变 110 kV 母线	220 kV 变电站一的 180 MV·A 变 110 kV 母线	220 kV 变电站二的 180 MV·A 变 110 kV 母线
1	3 次	√	√	√
2	5 次	√	√	√
3	7 次	√	√	√
4	9 次	√	√	√
5	11 次	√	√	√
6	13 次	√	√	√
7	23 次	√	√	√
8	25 次	√	√	√

　　由前述计算结果可见,在不考虑系统背景情况下,近期、远期最大注入 PCC 点的谐波电流均不超过国家标准限值指标。

　　② PCC 点的谐波电压:根据国标《电能质量 公用电网谐波》(GB/T 14549 93)中规定,公用电网谐波电压(相电压)限值如表 8－18 所列。

表 8－18　　谐波电压及谐波电压总畸变率限制表

电网标称电压	电压总谐波畸变 %	各次谐波电压含有率	
		奇　次	偶　次
110 kV	2.0%	1.6	0.8

　　根据对地铁牵引负荷注入 PCC 点的谐波电流情况,计算在含背景情况下的各次谐波电压在含有率及电压总畸变率情况。

　　地铁在 220 kV 变电站一产生的谐波电压再叠加现有背景值后,计算得出 220 kV 变电站一的 110 kV 母线各次谐波电压含有率及总谐波电压畸变率如表 8－19 所列。

　　地铁在 220 kV 变电站二的 110 kV 母线产生的谐波电压再叠加现有谐波电压背景值后,计算出 220 kV 变电站二的 110 kV 母线各次谐波电压含有率及总谐波电压畸变率如表 8－20 所列。

表 8－19　　220 kV 变电站一的 110 kV 母线各次谐波电压含有率及总谐波电压畸变率(含背景)

序号/名称	谐波次数	220 kV 变电站一的 120 MV·A 主变 110 kV 母线		220 kV 变电站一的 180 MV·A 主变 110 kV 侧母线	
		近　期	远　景	近　期	远　景
1	2 次	0.037 2	0.037 2	0.037 2	0.037 2
2	3 次	0.387 6	0.387 6	0.387 6	0.387 6
3	4 次	0.021 3	0.021 3	0.021 3	0.021 3
4	5 次	0.698 3	0.683 5	0.682 5	0.677 5

序号/名称	谐波次数	220 kV 变电站一的 120 MV·A 主变 110 kV 母线		220 kV 变电站一的 180 MV·A 主变 110 kV 侧母线	
		近 期	远 景	近 期	远 景
5	6 次	0.032 3	0.032 3	0.032 3	0.032 3
6	7 次	0.252 0	0.231 2	0.230 0	0.222 5
7	8 次	0.017 8	0.017 8	0.017 8	0.017 8
8	9 次	0.044 1	0.044 1	0.044 1	0.044 1
9	10 次	0.008 4	0.008 4	0.008 4	0.008 4
10	11 次	0.396 7	0.393 0	0.392 9	0.391 6
11	12 次	0.009 3	0.009 3	0.009 3	0.009 3
12	13 次	0.211 6	0.208 9	0.208 7	0.207 8
13	14 次	0.008 3	0.008 3	0.008 3	0.008 3
14	15 次	0.036 6	0.036 6	0.036 6	0.036 6
15	16 次	0.009 2	0.009 2	0.009 2	0.009 2
16	17 次	0.077 3	0.077 3	0.077 3	0.077 3
17	18 次	0.006 2	0.006 2	0.006 2	0.006 2
18	19 次	0.052 9	0.052 9	0.052 9	0.052 9
19	20 次	0.005 2	0.005 2	0.005 2	0.005 2
20	21 次	0.015 5	0.015 5	0.015 5	0.015 5
21	22 次	0.004 2	0.004 2	0.004 2	0.004 2
22	23 次	0.165 1	0.101 3	0.097 9	0.062 3
23	24 次	0.004 2	0.004 2	0.004 2	0.004 2
24	25 次	0.160 6	0.098 8	0.094 8	0.060 0
25	THD	0.986	0.951	0.949	0.937

表 8－20　220 kV 变电站二的 110 kV 母线各次谐波电压含有率及总谐波电压畸变率（含背景）

序号/名称	谐波次数	220 kV 变电站二的 180 MV·A 主变 110 kV 侧母线	
		近 期	远 景
1	2 次	0.037 2	0.037 2
2	3 次	0.387 6	0.387 6
3	4 次	0.021 3	0.021 3
4	5 次	0.682 5	0.677 5
5	6 次	0.032 3	0.032 3
6	7 次	0.230 0	0.222 5
7	8 次	0.017 8	0.017 8

序号/名称	谐波次数	220 kV 变电站二的 180 MV·A 主变 110 kV 侧母线	
		近 期	远 景
8	9 次	0.044 1	0.044 1
9	10 次	0.008 4	0.008 4
10	11 次	0.392 9	0.391 6
11	12 次	0.009 3	0.009 3
12	13 次	0.208 7	0.207 8
13	14 次	0.008 3	0.008 3
14	15 次	0.036 6	0.036 6
15	16 次	0.009 2	0.009 2
16	17 次	0.077 3	0.077 3
17	18 次	0.006 2	0.006 2
18	19 次	0.052 9	0.052 9
19	20 次	0.005 2	0.005 2
20	21 次	0.015 5	0.015 5
21	22 次	0.004 2	0.004 2
22	23 次	0.097 9	0.062 3
23	24 次	0.004 2	0.004 2
24	25 次	0.094 8	0.060 0
25	THD	0.949	0.937

将表 8-19~表 8-20 与国标对照,由比较结果可见,地铁工程接入电网后,产生的各 PCC 点各次谐波电压及电压总谐波畸变率在现有背景谐波条件下均没有超过国家标准。

第九章　网架的计算

第一节　变压器

一、变压器负荷率

城市配电网的供电安全采用"N-1"准则(具体详见第二章第三节)。根据"N-1"供电安全准则,变压器负荷率可用下式计算:

$$T = \frac{KP(N-1)}{NP} 100 \%$$ (9-1)

式中:

    T——变压器负荷率;

    K——变压器短时的容许过载率。在缺乏数据时,一般可取过载率为1.3,过载时间为2 h;

    N——变压器台数;

    P——单台变压器额定容量,MW。

根据变压器负荷率计算式可推导出主变在高负荷率和低负荷率两种运行方式下负荷率,如表9-1所列。

表9-1　主变负荷率

主变台数	主变高负荷率运行($K=1.3$)	主变低负荷率运行($K=1$)
N=2	$T=65\%$	$T=50\%$
N=3	$T=87\%$	$T=67\%$
N=4	$T=100\%$	$T=75\%$

国内外对 T 的取值大小有两种观点和做法,一种认为 T 值取大点为好,称高负荷率;另一种认为 T 值取小点为好,称低负荷率。

1. 高负荷率

T 的具体取值和变电所中变压器台数 N 有关,当 $N=2$ 时,$T=65 \%$;$N=3$ 时,$T=87 \%$(近似值);$N=4$ 时,$T=100 \%$(近似值)。

根据变压器负荷能力中的绝缘老化理论,允许变压器短时间过负荷而不会影响变压器的使用寿命,大体取过负荷倍数为1.3时,延续时间2 h。按"N-1"准则,当变电所中有一台变压器因故障停运时,剩余变压器必须承担全部负荷而过负荷运行,过负荷率为1.3。所以不同变压器台数的 T 值不同,台数增多,T 值增大。

提高 T 值能充分发挥电网中设备的利用率,减少电网建设投资。当降低变压器损耗变压器取高负荷率时,为了保证系统的可靠供电,在变压所的低压侧应有足够容量的联络线,在 2 h 之内经过操作把变压器过负荷部分通过联络线转移至相邻变电所。联络线容量为

$$L = (K-1)P(N-1) \tag{9-2}$$

当实际能向电网转移的负荷小于 L 时,则应根据实际情况选择合适的变压器过载率。

2. 低负荷率

变压器负荷率 T 的取值和变电站中变压器台数 N 的关系是:$N=2$ 时,$T=50\%$;$N=3$ 时,$T=67\%$(近似值);$N=4$ 时,$T=75\%$。

这与前者截然不同,当变电所中有一台变压器因故障停运时,剩余变压器承担全部负荷而不过负荷,因此无须在相邻变电所的低压侧建立联络线及负荷切换操作都在变电所内完成。中国香港和日本东京的城网中降压变压器均取低负荷率。

对变压器负荷取值的不同产生了设计观念和对经济评价准则上的差别。20 世纪 90 年代初,我国个别城市主张采用低负荷率。根据国内外及电网系统内、外运行经验,可归纳出以下几点:

① 关于投资。按新建电网计算,高负荷率时的电网总投资比低负荷率时的总投资节省,35 kV 电网平均相差 10%,20 kV 电网平均投资相差不到 5%。按变电所增容扩建计算,既有高负荷率时电网投资比低负荷率的投资省,也有低负荷率时电网投资比高负荷率的投资省,这取决于变电所中变压器的台数,有 3 台变压器时出现后一种情况。大量的计算数据证明在大多数(不是全部)情况下高负荷率比低负荷率有较高的经济效益,这正是许多人主张取高负荷率的理由。

② 低负荷率时的电网网损比高负荷率时低 5%~15%。

③ 低负荷率平时的电网供电可靠性高于高负荷率的可靠性。如当一台变压器故障时,只要在本变电所内进行转移负荷操作,无须求助于临近变电所,故称为纵向备用,也不会因外部转移负荷有困难而延长停电时间,而且,误操作事故率高于设备事故率。

④ 高负荷时,需要在变电所之间建立联络线,以备必要时转移负荷,其容量按式(9-2)计算。若变电所容量为 3×24 万 kV·A,变压器过负荷倍数为 1.3,则联络线的通道要比征用变电所困难得多。所以城市规划部门很赞成变压器取低负荷率。

⑤ 低负荷率时,电网有更强的适应性和灵活性,对于经济发展迅速、人口密度大和用电标准高的城市是可取的。

⑥ 高负荷密度城市取高负荷率时经济优势逐渐减弱,也说明高负荷密度区宜建大容量变电所。

⑦ 变压器取低负荷率是简化网络接线的必要条件,对城网自动化有利。

⑧ 对于企业用户来说,客户变电站主变负荷率需征求业主的意见,一般情况下一个用户只有一座变电站,不需要在变电站之间建立联络线,显然,取高负荷率具有比较大的经济优势。

⑨ 南京地区系统内变电站主变容量一般按照高负荷率选取。

由于我国各城市的具体情况相差甚远,社会经济发展程度不同,原有电网基础也不同,人们对经济性和可靠性的评估准则也不尽相同,不能对负荷率的两种取值哪种优、哪种劣简单下结论。可参考上述分析,结合本地区实际条件,因地制宜选取主变负载率。

二、变电所最佳容量及变压器台数

变电所容量和变压器台数是影响城网结构、可靠性和经济性的又一个重要因素。变电所容量和台数不同,网内变电所总数、变电所的主接线形式和系统的接线方式也就不同,也必对电网的经济性和可靠性产生不同影响。

变压器容量和一次侧电压有密切关系,也即变电所容量和它所在电网功能相适应。据统计,输送电系统中的单台变压器变化范围很大,如 40 kV 电压的电网中变压器容量为 240~770 MV·A,而送配电系统的单台变压器容量变化范围要小得多。用另一个概念来说,即电压等级高,变电所密度低,变压器容量大;电压等级低,变电所密度高,变压器容量小。

另外,还有一些因素影响变压器容量大小的选择,如单位容量(MV·A)费用、系统短路容量、运输条件和安装环境等。

变电所密度和容量还与负荷密度及其增长率、变压器的负荷率等因素有关,高负荷密度地区需要建造多而大的变电所,这是众所周知的。负荷增加速度是选择变电所容量的重要依据。国外普遍掌握的原则是:开始阶段,负荷密度小时多用较大容量变压器。若变压器低负荷率运行,单位变电容量(MW)费用大于高负荷率运行变压器;若用小容量变压器,提高变压器负荷率,能降低成本。选择大容量还是小容量变压器,关键看负荷增长率,负荷增长大的地区若选用小容量变压器,必然很快被大容量变压器所颠倒替代,这是不经济的。

1. 主变压器容量确定

① 主变压器容量一般按变电所建成后 5~10 年的规划负荷选择,并适当考虑到远期 10~20 年的负荷发展。对于城郊变电所,主变压器应与城市规划相结合。

② 根据变电所所带负荷的性质和电网结构来确定主变压器的容量。对于有重要负荷的变电所,应考虑当一台主变压器停运时,应保证用户的一级和二级负荷;对一般性变电所,当一台主变压器停运时,其余变压器容量应能保证全部负荷的 70%~80%。

③ 同级电压的单台降压变压器容量的级别不宜太多,应从全网出发,推行系列化、标准化。

④ 目前,我国城市用电负荷不断增大,在高负荷密度的城市中心,变电站的供电范围越来越小,需要建设的变电站数目也越来越多,同时城市用地紧张状况也日益凸现,城区变电站的变电容量已经不能满足供电需求,需要进行扩容改造或建设新的变电站。由此引发的电网建设和城市用地之间的矛盾日渐突出,国内一些城市尝试采用更大容量变压器的解决方案。

2009 年南京地区尝试对主城区现有的部分 110 kV 变电站进行了大容量改造,变电站主变容量更换为 80 MV·A 或 100 MV·A。从最终的效果来看,不尽如人意。一方面,大容量变压器导致设备通流能力、系统短路电流大幅增加,需更换部分设备,难度较大;另外,对于 110 kV 供电系统而言,按"N-1"原则,其单回进线至少要满足主变 1.3 倍过负荷运行时的传输容量要求。因此在主变增容的同时必须考虑到对 220 kV 电网和 110 kV 的线路容量改造,这在主城区中实现起来异常困难。因此,大容量改造需要结合变电站所处电网情况,考虑投资、运行等因素,综合判断。

2. 主变压器台数的确定

① 对大城市郊区的一次变电所,在中、低压侧已构成环网的情况下,变电所以装设两台主

变压器为宜。

② 对地区性孤立的一次变电所或大型工业专用变电所,在设计时应考虑装设 3～4 台主变压器的可能性。

③ 对于规划只装设两台变压器的变电所,应结合远景负荷的发展,研究其变压器基础是否需要按大于变压器容量的要求设计,以便负荷发展时,有调换更大容量的变压器的可能性。

三、油浸式变压器的过负荷能力

1. 变压器短时过负荷能力

考虑事故情况下的变压器容量时,可利用变压器的短时过负荷能力。变压器事故允许过负荷参见表 9 - 2。

表 9 - 2　变压器事故允许过负荷

过负荷倍数		1.3	1.6	1.75	2.0	2.4	3.0
允许时间 /min	户内	60	15	8	4	2	50 s
	户外	120	45	20	10	3	1.5 s

2. 冷却系统故障时变压器允许的过负荷

油浸风冷变压器,当冷却系统发生事故而切除全部风扇时,允许带额定负荷运行的时间不超过表 9 - 3 所规定的数值。

表 9 - 3　风扇切除时变压器允许的过负荷

环境温度/℃	-15	-10	0	+10	+20	+30
允许时间/h	60	40	16	10	6	4

强迫油循环风冷及强迫油循环水冷的变压器,在当事故切除冷却系统时(对强迫油循环风冷指停止风扇及风泵,对强迫油循环水冷指停止水泵及油泵),在额定负荷下允许的运行时间如下:

① 容量为 125 MV·A 及以下者为 20 min;

② 容量为 125 MV·A 以上者为 10 min。

按上述规定,油面温度尚未到 75 ℃时,允许继续运行,直到油面温度上升到 75 ℃为止。

四、主变压器阻抗的选择

变压器的阻抗实质就是绕组间的漏抗。阻抗的大小主要取决于变压器的结构和使用的材料。当变压器的电压比、结构、形式和材料确定之后,其阻抗大小一般和变压器容量关系不大。

从电力系统稳定和供电电压质量考虑,希望主变压器的阻抗越小越好;但阻抗偏小又会使系统短路电流增加,高、低压电器设备选择困难;另外阻抗的大小还要考虑变压器并联运行的要求。主变压器阻抗的选择要考虑如下原则:

① 各侧阻抗值的选择必须从电力系统稳定、无功分配、继电保护、短路电流、调相调压和并联运行等方面进行综合考虑,并应以对工程起决定作用的因素来确定。

② 对双绕组普通变压器,一般按标准规定值选择。

③ 对三绕组的普通型和自耦型变压器,其最大阻抗是放在高、中压侧还是高、低压侧必须按上述第①条原则来确定。目前国内生产的变压器有"升压型"和"降压型"两种结构。"升压型"的绕组排列顺序为自铁芯向外依次为中、低、高,所以高、中压侧阻抗最大;"降压型"的绕组排列顺序为自铁芯向外依次为低、中、高,所以高、低压侧阻抗最大。

第二节　　电力电量平衡

一、电力电量平衡的目的与要求

1. 一般要求

电力电量平衡是指电力电量供需之间的平衡,是电力系统规划和系统设计中的重要基础及环节,在电源项目和输变电项目可研、接入系统和初设阶段也都需要进行电力电量平衡计算。

2. 电力平衡的目的

① 根据系统预测的负荷水平,必要的备用容量以及厂用电和网损容量确定系统所需的装机容量水平。系统需要的发电设备容量应该是系统综合最大负荷与系统综合备用容量及系统中厂用电和网损所需的容量之和。确定电力系统的备用容量,研究水、火电之间的合理比例。

② 确定电力系统需要的调峰容量使之能够满足设计水平的年不同季节的调峰需要,并提出典型日的调峰方式和系统调峰方案。

③ 确定规划设计年限内电力系统所需发电设备和变电设备的容量和建设进度。确定各类发电厂及新建变电所的建设规模及建设进度。

④ 研究电力系统可能的供电地区及范围,还应研究与相邻电力网(或地区)联网的可能性和合理性。

⑤ 确定电力系统(或地区)之间主干线的电力潮流,即确定可能的交换容量。

3. 电量平衡的目的

① 确定系统需要的发电量。

② 研究系统现有发电机组的可能发电量,从而确定出系统需新增加的发电量。

③ 根据选择的代表水平年,确定水电厂的年发电量和利用程度,以论证水电装机容量的合理性;确定火电厂的年发电量,并根据火电厂的年发电量进行必要的燃料平衡。

④ 根据系统的火电装机容量及年发电量,确定火电机组的平均利用小时数,以便校核火电装机规模是否满足系统需要。

⑤ 在满足电力系统负荷及电量需求的前提下,合理安排水火电厂的运行方式,充分利用水电,使燃料消耗最经济,确定火电厂的年发电量(年利用小时)。

⑥ 电量平衡是全国(或地区)能源平衡的基础资料之一。电量平衡的好坏,也关系到全国(或地区)能源平衡的质量,并影响能源工业的发展。

⑦ 分析系统之间或地区之间的电力电量交换,为论证扩大联网及拟定网络方案提供依据。

4. 工程项目各阶段电力电量平衡要求

不同的工程、不同的设计阶段,电力电量平衡的目的与要求、设计重点不完全相同。

① 在电力系统规划设计阶段,应通过电力电量平衡计算确定规划设计水平年内全系统所需的装机容量、调峰容量以及与外系统的送受电容量;通过系统内各供电分区的分区平衡确定电源的送电方向,为拟定电源装机方案、调峰方案、变电容量配置、网络方案以及计算燃料需要等提供依据。

② 对于地区电网规划,进行电力电量平衡的目的主要是确定规划设计水平年内该地区电网各电压等级所需配置的变电容量及输变电项目的建设进度,为拟定地区电网网络方案提供依据。平衡计算应分层(电压层)进行,并考虑各电压层地方电源功率及相邻地区电网送受电力。

③ 对于小型电源接入系统,进行电力电量平衡的目的主要是确定该电源供电范围及送电方向,计算前应了解本电源近区电网、其他地方电源情况及与相邻供电区之间的电力交换情况。

④ 对于一般的输变电项目,进行电力电量平衡的目的主要是确定本工程的建设规模及建设进度。计算前首先应确定本项目的供电范围,并了解供电范围内的地方电源情况及与相邻供电网区之间的电力交换情况,平衡计算只需在该电压层进行,例如,为确定某拟建 220 kV 变电所容量规模,变电所供电范围内 110 kV 及以下电源及与外网区送受电力都应参与平衡。

5. 电力电量平衡的一般方法

地区电网规划、一般的输变电工程及小型电源接入系统所涉及的供电范围不大,网区内主力电源不多,选取丰、枯水期代表月份,人工采用简单的表格法对丰、枯水期代表月份进行电力电量平衡计算即可满足要求。对于较大系统的规划和设计,如一个省(区)电网规划和设计,为保证规划设计的正确性、合理性,需要对规划时段各水平年全年逐月进行运行平衡模拟计算,由于网区内电源众多,且各种类型电源联合运行,尤其是水电比例较大的网区,如广西电网,由于水电站的功率送出过程较为复杂,且不同的水文年水电站的功率也不相同,采用简单的表格法难以模拟,且准确度较低,更难以完成对系统调峰分析的任务,因此对于较大的系统,一般使用程序完成电力电量平衡计算。

6. 电力平衡中的容量组成

① 装机容量。指系统中各类电厂发电机组额定容量的总和。

② 必需容量。指维持电力系统正常供电所必需的装机总容量,即工作容量和备用容量之和。

③ 工作容量。指发电机担任电力系统正常负荷的容量,在电力平衡表中的工作容量是指电力系统最大负荷时的工作容量。其中担任基荷的电厂功率作为工作容量,担任峰荷和腰荷的发电厂以日负荷最大时刻的功率作为工作容量。水电厂的工作容量是指按额定功率运行时所能提供的发电容量,大小与其保证功率及其在电力系统日负荷曲线上的工作位置有关。

④ 备用容量。为了保证系统不间断供电并保证在额定频率下运行而设置的装机容量。备用容量包括负荷备用、事故备用和检修备用三部分。负荷备用是指为担负电力系统一天内瞬时的负荷波动和计划外的负荷增长所需要的发电容量。事故备用是指在电力系统中发电设备发生事故时为保证正常供电所需要的发电容量。检修备用是指在电力系统一年内的低负荷

季节,不能满足全部机组按年计划检修而发布必须增设的发电容量。

⑤ 重复容量。指水电厂为了多发季节性电能,节省火电燃料而增设的发电容量。重复容量是在一定的设计供电范围、负荷水平和设计保证率条件下选定的,当任一条件变化时,有可能部分或全部转化为必需容量。

⑥ 受阻容量。指由于各种原因,发电设备不能按额定容量发电时的容量称受阻容量。机组受阻的原因很多,火电机组有设备缺陷、燃料发热量过低、循环水温过高等原因(火电机组包括:燃煤、燃气、燃秸秆、燃污等,一切燃烧发火作为基本能量的发电厂均为火电机组)。水电机组由于运行水头低于设计水头而受阻的称为水头受阻容量;由于水量不足而受阻的称为水量受阻容量,主要发生在径流式电厂中。对一个水电厂来说,水头受阻平均分配在每台机上,水量受阻可调度集中于一台机或几台机组,这些机组可替代本厂的检修备用和其他机组的事故备用。

⑦ 水电空闲容量。指电力平衡中未能得到利用的部分水电装机容量。其大小随着各水电厂工作容量的大小而变化。

7. 电力平衡的原则及注意事项

① 平衡时应采用网供最大负荷。

② 电力平衡应选取适合的电网运行方式,首先应选取有代表性的运行方式进行电力平衡,水电站则选取水平年进行电力平衡。

③ 水电利用容量在夏大、夏小、冬大、冬小方式下应结合情况适当选取装机容量的百分比。

④ 电力平衡时不考虑电厂备用容量。

⑤ 电力平衡中,110 kV 及以上火电厂装机容量应分别考虑最大装机容量和停一台最大机情况下的平衡。

⑥ 主级电源所直供的负荷不应参与当前电压等级的电力平衡。

⑦ 做分区电力平衡时,平衡的分区需根据现状负荷水平和未来发展状况进行综合分析。

⑧ 分电压等级平衡时,(确定容载比时考虑)在远景饱和状态下的容载比要略低于近中期的容载比值,主要原因是近中期负荷发展相对较快,变电容量超前建设有利于拓展负荷发展空间,远景饱和状态下,负荷发展平稳,按照最终规模进行平衡即能满足负荷需求。

⑨ 还要特别注意的是地方各电压等级发电厂功率情况,各电压等级电网同区外的电力交换等,平衡过程中都需要将其一并考虑。

二、工程实例

2019 年,大用户 A、B、C 三家企业将落户南京某电网分区 S,预计远景接入总需求 549 MW,其中 A 用户投产初期(2020 年)计算负荷共计 149 MW;B 用户投产初期计算负荷为 57 MW(2019—2020 年),预计 2022 年达到最大负荷 200 MW;C 用户 2020 年投运,投产初期负荷约 60 MW(2020—2021 年),预计 2022 年达到最大负荷 200 MW。试做大用户 A、B、C 接入后该地区电力平衡。

1. 负荷预测

根据相关资料,南京市 2018—2022 年南京某分区 S 负荷预测如表 9-4 所列,本负荷预测不含 A、B、C 负荷。

表 9 - 4　2018—2022 年南京某分区负荷预测

单位:MW

年　份	2018	2019	2020	2021	2022
分区 S	3 618	3 597	4 200	4 314	4 131

2. 电力平衡

A、B、C 位于南京电网分区 S。电力平衡按以下原则考虑:

① 片区最大供电负荷按负荷预测数据再加上大用户负荷考虑;

② 片区 220 kV 电网机组供电功率按停一台大机,同时燃机受阻 20% 进行校核;

③ 风电、光伏不参与平衡。

电力平衡结果如表 9 - 5 所列。

表 9 - 5　南京东环网 220 kV 及以上变电容量需求分析表

单位:MW,MV·A

序　号	项目/年份	2019	2020	2021	2022
1	最大供电负荷(含大用户)	3 654	4 437	4 581	4 681
1.1	预测最大供电负荷(不含大用户)	3 597	4 200	4 314	4 131
1.2	大用户负荷	57	207	267	579
1.2.1	A		149	149	149
1.2.2	B	57	57	74	200
1.2.3	C		30	60	200
2	220 kV 电网统调装机容量	1 320	1 320	1 320	1 320
2.1	燃煤电厂1(两台 660 MW 机组)	1 320	1 320	1 320	1 320
3	110 kV 及以下小机功率	77	77	77	77
3.1	区间电力交换	300	266	0	0
4	最大供电功率	1 591	1 557	1 291	1 291
4.1	最大供电功率(停一台大机)	984	950	684	684
5	220 kV 电网电力(盈+亏—)	−2 006	−2 643	−3 023	−2 840
5.1	220 kV 电网电力 盈+亏—(停大机)	−2 613	−3 250	−3 630	−3 447
5.2	220 kV 电网电力 盈+亏—(停大机,考虑大用户)	−2 670	−3 487	−3 867	−3 997
6	500 kV 变电容量需求	3 209	4 228	4 836	4 543
6.1	500 kV 变电容量需求(停大机)	4 181	5 200	5 808	5 515
6.2	500 kV 变电容量需求(停大机,考虑大用户)	4 272	5 579	6 187	6 395
7	500 kV 变电容量配置	3 250	3 250	5 250	6 250
7.1	500 kV 变电站1	1 000	1 000	1 000	1 000
7.2	500 kV 变电站2	2 250	2 250	2 250	3 250
7.3	500 kV 变电站3			2 000	2 000

序　号	项目/年份	2019	2020	2021	2022
8	500 kV 变电容量平衡结果(盈＋亏－)	41	－978	414	1 707
8.1	500 kV 变电容量平衡结果(盈＋亏－)(燃机受阻 20％，停大机)	－931	－1950	－558	735
8.2	500 kV 变电容量平衡结果(盈＋亏－)(燃机受阻 20％，停大机,考虑大用户)	－1 022	－2 329	－937	－145
9	实际容载比(大机检修)	1.24	1.00	1.45	1.81
10	实际容载比(大机检修,考虑大用户)	1.22	0.93	1.36	1.56

说　明：

① 最大供电功率＝220 kV 电网统调装机容量×0.92＋110 kV 及以下小机功率＋区间电力交换；

② 最大供电功率(停一台大机)＝最大供电功率－660×0.92；

③ 分区 S 中无燃气机组,本表中燃机受阻 20％数据为 0；

④ "停大机"意思是指停燃煤电厂 1 中停 1 台发电机。

根据电力平衡分析结果,分区 S 不考虑大用户的接入,现状电网 2019 年～2021 年变电容量存在较大缺口,在燃机受阻 20％,停大机的情况下,分别缺少 931 MW、1 950 MW、558 MW,考虑大用户接入后,电力缺口增大,无法满足可靠供电需求。

第三节　输电线路导线截面的选择

输电线路导线截面选择主要有按经济电流密度、载流量、电晕条件、电磁环境要求选择四种方法。在工程设计时,一般用经济电流密度和载流量对导线截面进行初选。对高海拔地区的输电线路,需要用电晕条件进行校验。对 330 kV 及以上电压等级输电线路,还要用电磁环境要求进行校验。

一、输电线路导线截面选择的主要方法

1. 按经济电流密度选择

按经济电流密度选择导线截面时,线路的输送容量应考虑线路投运后 5～10 年或更远期发展的需要。应采用正常运行方式下具有代表性的输送容量,对系统发展不确定性较大时,应综合多方面技术经济因素,提高所选定导线截面的适应性。对于直流输电线路,应按正常运行方式、额定输送容量计算是否符合经济电流密度的要求。

确定输电线路的经济电流密度涉及线路线材价格、工程及系统情况、用电价格等很多因素,我国现行的经济电流密度值是于 1956 年由电力部颁布,目前我国经济社会发展和电力工程实际已发生诸多变化,因此不要把经济电流密度方法予以绝对化,应根据电力系统的具体情况,因地因时在一个范围内选取,必要时通过综合经济性比较选取。

2. 按载流量选择

架空输电线路导线截面选择时,应对系统可能出现的各种正常运行方式和事故运行方式

下(一般为相关线路 N-1 方式)的被选线路进行发热校验,线路预期的最大输送容量不得超过导线发热允许载流量所对应的输送容量(热稳定输送容量)。对于直流线路,事故运行方式下可能出现的最大输送容量一般由整个直流系统的过负荷能力决定,实际上也就是由换流站设备的过负荷能力和直流线路的长期允许载流量所决定。

交流导线有集肤效应以及钢芯的磁滞损耗和涡流损耗,这些效应实际上增大了导线的电阻,因此在同一发热水平下,直流输送容量可以比交流输送容量略有提高。

环境温度应采用最高气温月的平均最高气温,即最高气温月中每日最高温度的平均值,并取多年平均值。

3. 按电晕条件选择

导线表面电场强度过高会引起导线全面电晕,会急剧增加电晕损耗,而且严重影响环境。临界电场强度与气象条件、导线直径及导线的表面粗糙情况相关。一般情况下,按照导线表面最大电场强度和临界电场强度的比值在 0.8~0.85 考虑。

对于 110 kV 及以上电压等级的交流线路,在选择导线截面时,要校验电晕条件。

4. 按电磁环境要求选择

电磁环境要求有无线电干扰、可听噪声及地面电场强度等。对 330 kV 及以上电压等级的线路,电磁环境要求是选择导线截面的重要因素。对于 700 kV 及以下电压等级线路导线截面,若满足电晕条件的要求,一般也能满足电磁环境的要求;对于 1 000 kV 线路导线截面,电磁环境要求一般是决定性因素。

二、工程实际导线选择

工程实际中,对于 220 kV 及以下线路,供电公司通常规定了管辖范围内典型线路的载流量或输送容量,可以直接根据其规定进行选择。表 9-6、表 9-7 所列为南京供电公司规定的典型线路载流量和输送容量,可供参考。载流量限额依据《110 kV~750 kV 架空输电线路设计规范》《电力工程高压送电线路设计手册》计算输电线路在最高气温月的平均气温,太阳辐射功率密度采用 0.1 W/cm,计算风速采用 0.5 m/s,导线电阻随气温的变化的情况下,导线在导线温度 70 ℃,环境温度 40 ℃时的输送电流。载流量仅依据导线型号计算,运行时需要结合线路两侧变电站流变变比确定限额。

1. 架空线

表 9-6 所列为典型架空线路输送容量表。

表 9-6　典型架空线路输送容量表

截面/mm²	载流量/A	传输容量/MV·A			
		220 kV	110 kV	35 kV	10 kV
LGJ-150	325	—	61.9	19.7	5.6
LGJ-185	376	—	70.8	22.7	6.5
LGJ-240	445	—	83.8	26.9	7.7
LGJ-300	511	—	94.3	30.9	8.8

截面/mm²	载流量/A	传输容量/MV·A			
		220 kV	110 kV	35 kV	10 kV
LGJ - 400	625	250	111.0	37.8	10.8
LGJ - 2×300	1 079	430	—	—	—
LGJ - 2×400	1 305	520	—	—	—
LGJ - 2×630	1 807	720	—	—	—

2. 电　缆

表 9 - 7 所列为典型电缆输送容量表。

表 9 - 7　典型电缆输送容量表

截面/mm²	载流量/A			传输容量/MV·A		
	110 kV	35 kV	10 kV	110 kV	35 kV	10 kV
150	—	284	286		17.2	5.2
185	—	324	327		19.6	5.9
240	414	379	383	78.8	22.9	6.9
300	460	431	435	87.6	26.1	7.9
400	494	493	498	94.1	29.9	9.1
500	573	522	—	109.2	31.6	—
630	633	—	—	120.6	126.8	—
800	782	—	—	137.2	—	—
1 000	841	—	—	160.2	—	—
2 000/220 kV	960			382.4		
2 500/220 kV	1 029			409.9		

第四节　输电线路电能损耗计算

一、最大负荷利用小时数与损耗小时数

输电工程在进行投资分析时,通常需要估算实际运行时的年均输送电量和对应的线路电阻损耗,输送电量为额定输送功率与利用小时的乘积,而线路电阻损耗为额定电阻损耗功率与损耗小时的乘积。电阻损耗与线路的运行电流有关,电网中由于运行方式经常变化,各条线路通过功率也相应发生变化功率损耗也随时间而变化。在分析线路或系统运行的经济性时应该根据不同功率及其相应时间逐段积分进行计算,以求得全年的电能损失,这种计算十分严格,工作量较大。

实用计算中一般采用最大负荷利用小时数 $T_{\max}$ 和损耗小时数 τ 的关系来计算(见

表 9 - 7)。最大负荷利用小时数比较容易获得,工业负荷最大负荷利用小时数如表 9 - 8 所列。损耗小时数是决定输电导线经济电流密度的重要指标之一,与实际运行负荷曲线密切相关,它与最大负荷利用小时数是完全不同的一个物理量。损耗小时数为全年电能损耗 ΔA 除以最大负荷时的功率损耗 $\Delta P_{\max}$。即:

$$\tau = \Delta A / \Delta P_{\max} \tag{9-3}$$

由上式可知 τ 不仅与 $T_{\max}$ 有关,还与线路、变压器等通过功率时的功率因数有关。

表 9 - 8　不同行业最大负荷利用小时数($T_{\max}$)

单位:h

行业名称	$T_{\max}$	行业名称	$T_{\max}$
铝电解	8 200	建材工业	6500
有色金属电解	7 500	纺织工业	6 000
有色金属采选	5 800	食品工业	4 500
有色金属冶炼	6 800	电气化铁道	6 000
黑色金属冶炼	6 500	冷藏仓库	4 000
煤炭工业	6 000	城市生活用电	2 500
石油工业	7 000	农业灌溉	2 800
化学工业	7 300	一般仓库	2 000
铁合金工业	7 700	农村企业	3 500
机械制造工业	5 000	农村照明	1 500
数据中心	8 760	—	—

表 9 - 9　最大负荷利用小时数($T_{\max}$)与损耗小时数(τ)关系

最大负荷利用 小时数/$T_{\max}$	功率因数/$\cos\varphi$				
	0.8	0.85	0.9	0.95	1
	损耗小时数(τ)				
2 000	1 500	1 200	1 000	800	700
2 500	1 700	1 500	1 250	1 100	950
3 000	2 000	1 800	1 600	1 400	1 250
3 500	2 350	2 150	2 000	1 800	1 000
4 000	2 750	2 600	2 400	2 200	2 000
4 500	3 150	3 000	2 900	2 700	2 500
5 000	3 600	3 500	3 400	3 200	3 000
5 500	4 100	4 000	3 950	3 750	3 600
6 000	4 650	4 600	4 500	4 350	4 200
6 500	5 250	5 200	5 100	5 000	4 850
7 000	5 950	5 900	5 800	5 700	5 600
7 500	6 650	6 600	6 550	6 500	6 400
8 000	7 400		7 350		7 250

二、工程实例

南京某地铁工程建设一座 110 kV 变电站,该变电站 110 kV 侧有两回电源进线,均为全电缆线路,电缆总长度 10.2 km,型号 $YJLW_{03}-64/110-1\times240\ mm^2$。地铁用电执行居民用电价格,电费取 0.52 元/kW·h;查厂家样本数据,$YJLW_{03}-64/110-1\times240\ mm^2$ 电缆每千米阻抗为 $0.097+j0.102\Omega$;该变电站总用电负荷为 28 180 kV·A,均为一级负荷。试计算该电缆线路全年能损。

首先进行潮流计算,根据潮流计算结果,正常运行方式下两条电缆线路最大电流为 85 A,线路功率损耗为:

$$P=I^2R=(85\ A)^2\times10.2\ km\times0.097\ \Omega=7.148\ kW$$

地铁为电气化铁道,查表 9-8,最大负荷小时数为 6 000 h,再查表 9-9,功率因数取 0.95,损耗小时数为 4 350 h。则全年电能损耗为:

$$W=Pt=7.148\ kW\times4\ 350\ h=31\ 093.8\ kW\cdot h$$

因此,全年能损=31 093.8 kW·h×0.52 元/kW·h=1.62 万元

第五节　110 kV 变电站蓄电池容量的选择

一、概　述

直流系统是变电站的一个重要组成部分,是对变电站的正常运行起着重要的作用,其设计方案的合理性及运行的可靠性直接影响着变电站的可靠性。在变电站直流系统的设计中,以往主要根据经验来选择蓄电池容量,但随着变电站自动化技术的发展,变电站的直流负荷也在变化,需要根据变电站的实际情况对直流负荷进行统计、分析,选择最合理的方案。鉴于各类设计手册上对该部分内容涉及不深,本文先分析、统计站内各种直流负荷,在此基础上介绍其计算过程。

近年来变电站直流系统的技术和设备发展迅速,阀控铅酸蓄电池、智能型高频开关充电装置、微机型绝缘监测装置等得到了普遍应用,具有安全可靠、技术先进和性能优越等特点。

多年来变电站主要应用固定式防爆铅酸蓄电池,自 20 世纪 80 年代以来推广使用了镉镍碱性蓄电池。现在,阀控式密封铅酸蓄电池得到了广泛应用,是近年来发展起来的新型蓄电池。该类蓄电池多采用紧装配密集极板,超细玻璃纤维作隔膜,贫电液结构,也有采用管式正极板,专用隔板胶体电解液的富电液结构,其基本原理都是使气体在极板间转移,促进再化合反应,同时利用减压阀保持电池内部有一定压力。这类蓄电池具有防酸式铅酸蓄电池的优点,而且基本上属于免维护,由于没有酸雾和氢体排出,可与成套直流电源柜一起安装在主控室,现在已广泛应用于各类变电站中,为无人值班变电站首选蓄电池。

充电装置是保证蓄电池可靠运行的主要设备,特别是阀控式蓄电池对充电装置性能的要求更高。以往变电站的充电装置多采用晶闸管整流装置,近年来越来越多的变电站采用智能型高频开关充电装置,且运行情况良好。

常用的直流绝缘监测和电压监视装置是根据电桥原理由继电器组成的,近年来开始采用微机型直流绝缘监测装置,灵敏度高,正、负母线绝缘同时降低时也能进行监测,并带有分支回

路在线监测装置,能找出绝缘下降或出现接地故障的回路,大大缩短了查找直流系统接地故障的时间。

以往我国大多数变电站的蓄电池都有端电池(也叫尾电池)和端电池调节器(也叫电池开关),装设端电池的主要原因是电磁操作机构断路器额定的合闸电流较大,或者在由事故停电和检修需较长时间停电时,合闸母线电压需要保持在允许水平。目前新建变电站一般采用无端电池直流系统。合闸母线与控制母线分开,浮充机和蓄电池均接于合闸母线;蓄电池不设端电池和电池开关;蓄电池全浮充运行;合闸母线经可控硅给控制母线供电。在浮充状态下,合闸母线电压保持在 240 V 左右,控制母线电压保持在 220 V 左右,充电时,全电池充电。

负荷分析:110 kV 及以下变电站的直流负荷可分为经常负荷、事故负荷及冲击负荷三大类。

(1) 经常负荷

新建的 110 kV 变电站或者对已运行常规变电站的改造,目前都是按无人值班模式进行设计、运行,其二次设备大多采用变电站自动化系统。而变电站自动化系统与常规二次设备的区别就在于它集保护、控制、测量、信号等装置于一体,取消了传统的红绿灯监视以及中央信号装置。变电站自动化系统中,经常负荷主要包括微机保护装置、微机测控装置、安全自动装置、经常带电的继电器、信号灯和其他接入直流系统中的用电设备。

断路器的位置指示一般由各保护装置上的发光二极管完成,同时在后台机上显示;隔离开关的位置指示一般在后台机上显示。

因平时无人值班,所以主控制室内一般不设经常直流照明负荷,而只保留几盏事故照明灯,以备事故处理时照明用。

目前变电站通信电源普遍采用直流变换供电模式。直流变换供电模式就是采用直流变换器,将变电站中供给二次回路的 220 V(或 110 V)直流电源转换为 48 V(或 24 V)直流电源,作为通信电源。由于变电站 220 V(或 110 V)直流系统不仅容量大,而且可靠性极高,因而这种供电模式更加经济、合理。通信用直流负荷电流一般不超过 20 A,若用 48 V 直流电源,则通信直流负荷功率为 48 V×20 A＝960 W,通信设备负荷功率一般取 1 kW。

(2) 事故负荷

事故负荷是变电站失去交流电源全所停电时,必须由直流系统供电的负荷,主要为事故照明负荷、通信电源、逆变电源负荷。

110 kV 变电站一般在主控制室及 10 kV 配电装置室设置 4～6 盏事故照明灯,负荷在 1 000 W 左右,事故停电时间按《小型电力工程直流系统设计规程》(DL/T 5120 2000)规定为 1 h。目前新建变电站一般不装设事故照明切换装置,变电站在全所事故停电时,事故照明采用维修人员到达现场手投方案,据调查 30 min 左右即可恢复用电。为了保证事故处理的充裕时间,计算蓄电池容量按 1 h 的事故放电负荷计算,所以按事故照明时间为 1 h 来计算蓄电池容量是满足要求的。

变电站内只有远动装置,监控后台不能间断供电,逆变电源装置维持不间断供电时间不少于 2 h。逆变电源装置目前普遍直接接在站用 220 V 直流母线上,不配置专用蓄电池组,正常情况下由交流供电;当交流电中断或整流器出现故障时,则由蓄电池向逆变电源设备供电。事故负荷应计及逆变电源装置,一般取 2 kW 足够。

(3) 冲击负荷

《电力工程直流系统设计技术规程》(DL/T 5044—2014)规定,事故初期的冲击负荷可按如下原则统计:

① 备用电源断路器采用电磁合闸线圈时,应按备用电源实际自投断路器台数计算,其冲击负荷系数宜取 0.5。

② 热工、电气控制回路等宜按实际负荷之和计算,其负荷系数宜取 0.6。

③ 低电压、母线保护、低频减负荷等跳闸回路宜按实际数之和计算,其冲击负荷系数宜取 0.6~0.8。

以往的变电站中,断路器多采用电磁操作机构,其额定合闸电流较大,为 90~245 A,所以事故放电末期承受冲击负荷时,确保直流母线电压在允许值范围内是选择蓄电池容量的决定性因素。目前我国 110 kV、35 kV 断路器目前一般选用 SF6 断路器,10 kV 断路器则选用真空断路器或中置柜,均配置弹簧操作机构,合闸电流很小,其跳、合闸电流大多在 1~2.5 A 之间(本书计算时取 1.5 A),远远小于电磁操作机构,因此事故初期断路器冲击负荷按随机负荷考虑,事故过程中及事故末期可不考虑随机冲击负荷。

另外,变电站内不像发电厂有很多直流油泵、用于厂用电源切换的断路器、厂用电动机、热工保护装置等,因此,110 kV 变电站只须考虑 10 kV 断路器跳闸所产生的冲击负荷。

二、工程实例

某 110 kV 变电所电站规模为:主变压器额定容量为 3×50 MV·A,双绕组 110/10 kV;110 kV 进线 3 回,线路变压器组接线;10 kV 为单母三分段接线,36 回出线,3 组电容补偿装置,2 台接地变兼所用变,1 台接地变。110 kV 采用 SF₆ 断路器,10 kV 采用真空断路器或中置柜,所有断路器均配弹簧操作机构。二次设备采用变电站自动化系统,所有元件配置微机保护、测控装置等,10 kV 分段断路器配置备自投装置,另外还配置了小电流接地选线装置、低压减载装置、公用测控装置等一些安全自动装置及公用装置。试计算该站直流负荷。

1. 保护负荷

《微机线路保护装置通用技术条件》(GB/T 15145—2001)第 3.7.2 条"功率消耗"部分对直流电源回路要求:正常工作时不大于 50 W,保护动作时不大于 80 W。笔者通过调查发现,现在各大厂家生产的微机保护、测控装置直流功耗都能满足上述要求:正常时大多在 25~40 W 之间,动作时大多在 40~60 W 之间。以国电南自为例,其保护装置的直流功耗正常工作不大于 25 W、保护跳闸不大于 40 W;测控装置的一般正常工作不大于 40 W、保护跳闸不大于60 W。由于各厂家的保护、测控装置等直流功耗大小不一且断路器三相操作箱无确切负荷资料,为方便计算,下面将 110 kV 线路、变压器的保护装置、测控装置、三相操作箱等统一按正常运行时直流负荷按 40 W 计算;10 kV 保护测控装置统一按正常运行时直流负荷按 25 W 计算;站内其他安全自动装置按正常运行时直流负荷按 25 W 计算。各类负荷统计如下:

① 保护装置:各馈线按每回路 1 个,110 kV 主变按每台 3 个。

② 测控装置:110 kV 进线按每回路 1 个,110 kV 主变按每台 2 个,10 kV 馈线保护、测控一体化,不单独考虑。

③ 操作箱:110 kV 进线按每回路 1 个,110 kV 主变按每台 2 个;10 kV 馈线不考虑。

④ 公用部分:公用测控装置 2 个,通信装置 2 个,电压切换装置 2 个,小电流接地选线装

置1个,低压减载装置1个,直流系统绝缘监察装置1个,消谐装置3个,逆变电源1个。

⑤ 备自投装置:10 kV分段断路器配置备自投装置2个。

⑥ 断路器跳闸电流按1.5 A计算。

表9-10 经常负荷统计表

单位:W

负荷名称	保护装置	测控装置	操作箱	自动装置	通信电源
110 kV设备	12×40=480	9×40=360	9×40=360		
10 kV设备	44×25=1 100			2×25=50	1 000
公用设备		2×25=50		11×25=275	
分项统计	1 580	410	360	325	
总　计	3 675				

2. 事故负荷

表9-11 事故负荷统计表

负荷名称	装置容量/W	负荷系数	计算容量/W
事故照明	1 000	1.0	1 000
逆变电源	2 000	0.6	1 200
总　计	2 200		

3. 冲击负荷

对于冲击负荷,10 kV出线36回,负荷系数取0.6,冲击电流为36×1.5 A×0.6=32.4 A。所有直流负荷统计数据如表9-12所列。

表9-12 直流负荷统计表

负荷名称	经常负荷		事故负荷		冲击负荷		事故放电时间/h
	P_1/W	I_1/A	P_2/W	I_2/A	P_3/W	I_3/A	
保护、监控装置	2 675	12.16	—	—	—	—	2
通信电源	1 000	4.55	—	—	—	—	2
事故照明	—	—	1 000	4.55	—	—	1
逆变电源	—	—	1 200	5.45	—	—	2
断路器跳闸	—	—	—	—	—	32.4	冲击
负荷电流	—	16.71		10			

4. 蓄电池容量选择

选择阀控式铅酸蓄电池,不带端电池,按每只蓄电池电压2 V考虑,蓄电池放电终止电压取1.8 V,蓄电池个数为106只。按照《电力工程直流系统设计技术规程》(DL/T 5044—2014)附录B"阶梯负荷算法"计算,取其中计算容量最大者,随机负荷(冲击负荷)单独计算所需容量,并叠加在第一段以外的计算容量最大的放电阶段。

$$C_C = K_K \left[\frac{1}{K_{C1}} I_1 + \frac{1}{K_{C2}} (I_2 - I_1) + \cdots + \frac{1}{K_{Cn}} (I_n - I_{n-1}) \right] \qquad (9-4)$$

$$C_R = \frac{I_R}{K_{CR}} \qquad (9-5)$$

式中：

C_C——蓄电池 10 h 放电率计算容量，A·h；

$I_1, I_2, \cdots, I_n$——各阶段事故负荷电流，A；

$K_{C1}, K_{C2}, \cdots, K_{Cn}$——各阶段容量换算系数，$h^{-1}$；

K_{CR}——随机负荷容量换算系数，h^{-1}；

K_K——可靠系数 1.4。

由表 9-12 可知：

第一阶段的负荷电流　　$I_1 = 16.71\ \text{A} + 10\ \text{A} = 26.71\ \text{A}$

第二阶段的逆变电流　　$I_2 = 16.71\ \text{A} + 5.45\ \text{A} = 22.16\ \text{A}$

$$C_{C1} = K_K \times \frac{I_1}{K_{C1}} = 1.4 \times \frac{26.71\ \text{A}}{0.598} = 62.53\ \text{A} \cdot \text{h}$$

$$C_{C2} = K_K \times \left(\frac{I_1}{K_{C1}} + \frac{I_2 - I_1}{K_{C2}} \right)$$

$$= 1.4 \times \left(\frac{26.71\ \text{A}}{0.598} + \frac{22.16\ \text{A} - 26.71\ \text{A}}{0.374} \right) = 45.50\ \text{A} \cdot \text{h}$$

$$C_R = \frac{I_R}{K_{CR}} = \frac{32.4\ \text{A}}{1.42} = 22.82\ \text{A} \cdot \text{h}$$

$C_c = 45.5\ \text{A} \cdot \text{h} + 22.82\ \text{A} \cdot \text{h} = 68.32\ \text{A} \cdot \text{h}$，与第一阶段比较，选 68.32 A·h。

根据计算容量 C_c，选择 GFM-200 型阀控式铅酸蓄电池，容量为 100 A·h。

变电站的直流负荷统计非常重要，各种直流负荷决定了蓄电池容量的计算结果。由于直流负荷的作用时间参差不齐，有长有短，精确统计这些负荷困难较大，需要全面地考虑直流负荷的存在，不遗漏负荷电流。因此，我们要根据变电站的实际情况，对直流负荷进行详细分析、统计和选择合理的蓄电池容量。

第六节　控制电缆的选择

一、概　述

控制电缆截面选择计算，作为整个变电站纷繁计算中的一小部分，往往被忽略。合理选择控制电缆，在正常工作的情况下，可避免选择过大的电缆线芯截面积，可节约材料和施工成本。另一方面，对于大型联合装置，控制电缆最大敷设长度对现场机柜间及控制室在装置中的布置也有实际指导意义。以下实例可作为工程计算的参考。

二、工程实例

某电厂启备变接入电网 220 kV 变电站，该变电站至电厂控制室约有 0.65 km 距离，较常规变电站距离远。电网 220 kV 变电站 220 kV 母线三相短路电流为 40.2 kA；单相短路电流为 44.76 kA;保护用 CT 变比为 2 500/5 A。

电厂启备变配置有南瑞继保公司的微机变压器保护,型号为双套 RCS - 985T(差动及高、低后备)及一套 RCS - 947AG(非电量、失灵启动等)。电厂启备变高压侧断路器受电网 220 kV 变电站控制,启备变保护动作联跳高压侧断路器。

试核算电网 220 kV 变电站启备变间隔至电厂启备变保护的相关交流电流、电压回路及直流回路电缆截面是否满足高压侧 CT 参数、母线 PT 参数及变压器保护要求。

1. 电流回路电缆截面及 CT 校验计算

根据《电流互感器和电压互感器选择及计算导则》(DL/T 866 2015),可分别用一般方法及极限电动势法校验 CT 稳态性能。

K_{alf}——准确限值系数(本案 $K_{alf}=30$)。

K——给定暂态系数(本案 $K=2$)。

S_r——电流回路保护装置本身功耗(本案 $S_r=3$ V・A)。

S_l——连接导线功耗(本案二次回路星形接线,长度 $L=650$ m,截面暂按 18 mm^2 校验)。

S_c——接触电阻功耗(本案接触电阻为 $R_c=0.1$ Ω)。

K_{pcf}——保护校验系数(短路电流与额定一次电流比值)。

K_{rc}——继电器阻抗换算系数(三相短路时为 1;单相短路时为 1)。

K_{lc}——连接导线阻抗换算系数(三相短路时为 1;单相短路时为 2)。

S_{bn}——电流互感器额定二次负载容量(本案 $S_{bn}=50$ V・A,CT 二次绕组内阻忽略不计)。

S_b——电流互感器实际二次负载容量。

三相短路时:

$$S_b = K_{rc}S_r + K_{lc}S_l + S_c$$

$$= K_{rc}S_r + K_{lc} \times 5^2 A \times \frac{\rho l}{S} + 5^2 A \times R_c$$

$$= 1 \times 3\ V \cdot A + 1 \times 5^2 A \times \left(\frac{0.018\ 4\ \Omega \cdot mm^2 \times 650\ m}{18\ mm^2} + 0.1\ \Omega \right) = 22.1\ V \cdot A$$

单相短路时:

$$S_b = K_{rc}S_r + K_{lc}S_l + S_c$$

$$= K_{rc}S_r + K_{lc} \times 5^2 A \times \frac{\rho l}{S} + 5^2 A \times R_c$$

$$= 1 \times 3\ V \cdot A + 2 \times 5^2 A \times \frac{0.018\ 4\ \Omega \cdot mm^2 \times 650\ m}{18\ mm^2} + 5^2 A \times 0.1\ \Omega$$

$$= 38.7\ V \cdot A$$

(1) 一般方法

$K_{alf} > KK_{pcf}$,$S_{bn} > S_b$ 两个条件同时满足即可。

① 三相短路:

$$K_{alf} = 30$$

$$KK_{pcf} = 2 \times \frac{40.2\ kA}{2.5\ kA} = 32.16$$

$$K_{alf} < KK_{pcf}$$

$$S_{bn} = 50 \text{ V} \cdot \text{A}, S_b = 22.1 \text{ V} \cdot \text{A}$$
$$S_{bn} > S_b$$

故三相短路时，两个条件未能同时满足。

② 单相短路：

$$K_{alf} = 30$$
$$KK_{pcf} = 2 \times \frac{44.76 \text{ kA}}{2.5 \text{ kA}} = 35.8$$
$$K_{alf} < KK_{pcf}$$
$$S_{bn} = 50 \text{ V} \cdot \text{A}, S_b = 38.7 \text{ V} \cdot \text{A}$$
$$S_{bn} > S_b$$

故单相短路时，两个条件未能同时满足。

（2）极限电动势法

$K_{alf} \times S_{bn}/(K \times K_{pcf} \times S_b) > 1$ 时，满足要求。

① 三相短路：

$$K_{alf} \times S_{bn}/(K \times K_{pcf} \times S_b)$$
$$= 30 \times \frac{50 \text{ V} \cdot \text{A}}{2 \times (40.2 \text{ kA}/2.5 \text{ kA}) \times 22.1 \text{ V} \cdot \text{A}} = 2.11 > 1$$

满足要求。

② 单相短路：

$$K_{alf} \times S_{bn}/(K \times K_{pcf} \times S_b)$$
$$= 30 \times \frac{50 \text{ V} \cdot \text{A}}{2 \times (44.76 \text{ kA}/2.5 \text{ kA}) \times 38.7 \text{ V} \cdot \text{A}} = 1.08 > 1$$

满足要求。

可见用极限电动势法校验刚好满足，故互感器满足稳态性能要求。

故电网 220 kV 变电站电厂启备变间隔中 CT 至启备变保护电流回路电缆截面为 18 mm^2 时，其 CT 满足稳定性能。

2. 电压回路电缆截面校验计算

根据《电流互感器和电压互感器选择及计算导则》（DL/T 866 2015），电压互感器至用户计费用 0.5 级电能表的电压降不得超过电压互感器二次额定电压的 0.25%；至电力系统内部的 0.5 级电度表的电压降不得超过电压互感器二次额定电压的 0.5%；至测量仪表的电压降不得超过电压互感器二次额定电压的 1%~3%；至保护和自动装置的电压降应在互感器负荷最大时不得超过其二次额定电压的 3%。本案按 3% 校核。

电网 220 kV 变电站的 220 kV 母线电压二次侧引至电厂启备变后备保护及功率变送器。后备保护装置功耗为 0.5 V·A 共 2 套；一组功率变送器功耗为 1.5 V·A。

$$U = K \times P \times L/(U_L \times S \times \gamma)$$
$$= 2 \times 2.5 \times \frac{650 \text{ m}}{57.7 \text{ V} \times 4 \text{ mm}^2 \times 57 \text{ S}} = 0.24 \text{ V}$$
$$0.24/57.7 = 0.4\% < 3\%$$

满足要求。

P——电压互感器每一相负荷,V·A(本案 $P=0.5$ V·A$+0.5$ V·A$+1.5$ V·A $=2.5$V·A)。

U_L——电压互感器每二次线电压,V(本案 $U_L=57.7$ V)。

γ——电导系数,铜取 57 S/m。

S——电缆芯截面,mm^2(本案 S$=4$ mm^2)。

L——电缆长度(本案 $L=650$ m)。

K——连接导线的阻抗换算系数。三相星形接线取 1,两相星形接线取 1.732,单相接线取 2(本案 $K=2$)。

U——允许电压降。

故交流电压回路用电缆芯截面为 4 mm^2 时即满足要求。

3. 控制及信号回路用控制电缆截面校验计算

在操作回路中,应按在正常最大负荷下,至各设备的电压降不得超过其额定电压的 10% 进行校核。

$$U = 2 \times 100 \times L \times I_{max}/(U_N \times S \times \gamma)$$
$$= 2 \times 100 \times \frac{650 \text{ m} \times 2.5 \text{ A}}{220 \text{ V} \times 2.5 \text{mm}^2 \times 57 \text{ S}} = 1.04 \text{ V}$$
$$= 1.04 \% < 10\%$$

式中:

U_N——直流额定电压,V(本案 $U_N=220$ V)。

I_{max}——流过控制线圈的最大电流,A(本案 $I_{max}=2.5$ A)。

U——控制线圈正常工作时允许的电压降(本案 $U=10$)。

故控制及信号回路用电缆芯截面为 2.5 mm^2 时即满足要求。

根据上述计算,除交流电流回路用控制电缆截面需增大外,交流电压及控制回路用控制电缆按常规选取即可。

第七节　接入系统若干问题分析

接入系统是电网规划的深化,是在电网规划的基础上进一步研究系统的运行特性和运行结构,提出接入系统的具体方案,为输变电项目下阶段的可研和工程设计工作的合理安排、电网运行方式的预安排确立边界条件。同时,接入系统研究的结论对充实完善电网规划起到积极作用,并作为指导下阶段输变电工程设计的主要依据,起到重要的承前启后作用。

一、大用户接入系统编制

大电力用户的用电负荷与电网规划有着密不可分的关系,大电力用户的形成、存在和发展,直接影响着电网的规划和发展。本文所说的大电力用户,是按照一般大中城市的用电规模划分的,以用电负荷在 30 MW 为划分界限,30 MW 以上的电力用户(企、事业单位或其他用电部门)为大用户。大电力用户的形成、存在和发展,不仅会使电网的当前供电能力和潜在供电能力直接受到影响,还会使现有电网和未来电网的规划受到影响。

负荷预测是规划的主要依据,但其不确定因素很多,为此必须按负荷实际变动和规划的实施情况,对规划进行滚动修正。大电力用户的负荷变化对电网规划有直接影响,电网规划对大用户的供电方案也同样有着直接影响。电网是一个地区供电的各级电压网络的总称,是一个地区现代化建设的重要基础设施之一。

1. 大电力用户的接入系统方案是供电设计的依据,主要包括 8 个方面

① 设计依据。说明为什么要编制本接入系统,主管部门对该项目的审核意见,项目的审批单位和建设规模等。

② 企业用电现状及项目概况。如果是扩建项目应介绍企业的现有用电规模、供电方式;如果是新建项目需着重介绍项目的地理位置,主要产品和主要产品规模、用电性质、供电要求、分期建设情况等。

③ 本区域电网现状和发展概况。说明新上用电项目所在区域电网的变电站情况,包括站内负荷情况,各变电站的主变压器容量,电压等级,各级电压的主接线方式,各电压等级的出线规模,可使用间隔数量,并简要介绍本区域电网的发展规划等。

④ 负荷预测。预测区域电网内各变电站 5~10 年的电力、电量增长情况,电网的供电能力发展情况。

⑤ 供电方案。在分析区域供电网现状和发展规划的基础上提出 2~4 个供电方案,明确供电变电站、电压等级、供电容量和主接线方式等。

⑥ 投资估算。计算采用不同方案时的估算投资。

⑦ 经济技术比较及推荐方案。从经济和技术两个方面阐述各方案的优缺点。在全面分析的基础上,选择既技术先进又投资较少,即供电可靠性高又经济合理的方案,作为推荐方案。

⑧ 继电保护、计量及通信、远动自动化装置。按照电网规划要求,提出继电保护、计量及通信、远动自动化装置的设置要求。

2. 发展电力用户制定供电方案

在经济技术合理规划的基础上,编制大电力用户的方案时,要紧密结合规划发展原则,在电网规划的指导下发展电力用户,制定供电方案,保证供电方案与电网规划协调发展。编制大电力用户的供电方案时,为与电网规划协调一致,还应从电网规划的角度着重考虑以下几个方面的工作:

① 分析用电项目所在区域的电网布局现状,当地供电能力是否满足现有负荷的要求和负荷增长的要求。

② 供电可靠性如何,用电项目对电网有何要求,电网能否满足用电项目要求。

③ 电能损耗和电压损耗情况。

④ 预测 5 到 10 年电力、电量发展情况。

⑤ 分析分期电网结构的发展趋势,既满足近期电网规划发展,又满足远期电网规划要求。

⑥ 为使大电力用户的用电方案与电网规划协调发展,还要慎重考虑线路的架设路径,以及线路敷设方式。不应因大用户的供电方案而与电网规划产生矛盾,影响电网规划的落实。

⑦ 明确电网调度、通信、自动化的方式和要求。

⑧ 确定主要设备的规模和型号,估算各方案的投资。

⑨ 进行各方案的经济技术比较,推荐既满足用电需求又技术先进,即供电可靠性高又投资少的方案。

⑩ 绘制出区域电网现状图、各方案接线示意图,说明整体电网的结构,各电源点的供电能

力和供电潜力。

做好大电力用户的供电方案,电网规划是基础,而电网规划的编制依据,是建立在大电力用户负荷发展准确预测的基础之上的。只有准确地把握大电力用户的负荷变化规律,又遵循电网规划的原则,并把两者紧密结合,协调一致,才能使大电力用户的方案和电网建设相互促进、共同发展。避免因近期电网规划向远期电网过渡时,供电方案进行二次改造,因一期用电向二期用电扩建时供电方案出现重复建设和改造的被动局面,从而保证供电方案在一期是最佳方案,到二期也是最优方案。

⑪ 其他需要注意的问题:接入系统设计很多时候对于接入系统本身关注较多,而对于接入的对侧变电站关注不够。接入变电站后,该变电站需要扩建间隔,如果需要扩建间隔,就增加间隔费用,如果启用备用间隔,就不需要再增加间隔费用。另外,对侧间隔一次设备和二次设备需要仔细校核,有的变电站只有一次设备而没有二次设备,有的变电站有二次设备却没有一次设备;有的变电站虽然一次设备、二次设备都有,但二次设备达到了使用年限,这些都需要在接入系统设计时仔细考虑。需要仔细校核的还有屏位情况、CT变比、消弧线圈容量、远动设备情况等。

二、电压等级的选择与确定

电压等级的建立、演变和发展主要是随着发电量、用电量的增长及输电距离的增加而相应提高,同时还受技术水平、设计制造水平等限制。

电压等级的确定直接影响电网发展和国家建设,若选择不当,不仅影响电网结构和布局,而且影响电气设备、电力设施的设计与制造及电力系统的运行和管理,同时决定电力系统的运行费用和经济效益,直接影响各类用电项目的电力投资和电费支出。

用户供电设施以何种电压等级接入电网,直接关系用户的供电质量、一次性投资和长期运行费用。目前国家对接入系统电压等级并无相关国家标准,在具体选择时,需结合附近电网情况及用户用电设施容量、负荷性质和企业近期发展规划等进行技术经济比较论证后确定,不能简单地根据容量一概而论。对于用户,低电压等级供电可降低一次性工程投入和运行维护费用,但每降低一个电压等级,其电价约高 0.015 元/kW·h,将增加长期电费支出。对电网经营企业,低电压等级供电可能会加大对其他用户的电能质量影响的风险,但每降低一个电压等级,其电价约高 0.015 元/kW·h,将增加长期电费收入。

江苏省目前接入系统设计时电压等级选择主要依据江苏省电力公司《电力用户业扩工程技术规范》,各级电压等级接入仅仅按照用户申请容量进行以下相应选择:

用户申请容量在 8 MV·A 及以下者,宜采用 10 kV 电压等级供电;用户申请容量在 8 MV·A 以上、30 MV·A 及以下时,宜采用 35 kV 电压等级供电;用户申请容量在 30 MV·A 以上时,宜采用 110 kV 电压等级供电。

这个电压等级选择条件单一,很多时候并不完全适用,实际应用时如果严格执行这个规定时会碰到很多问题。

《配电网规划设计技术导则》(Q/GDW 1738—2012)规定:用户的供电电压等级应根据当地电网条件、最大用电负荷和用户报装容量,经过技术经济比较后确定。根据此规定,具体可参考以下五种方法:

1. 经验公式一

$$U_e = 1\,000 / \sqrt{(500/L + 2\,500/P)} \tag{9-6}$$

式中：

U_e——线路额定电压，kV；

L——线路长度，km；

P——送电负荷，MW。

2. 经验公式二

$$U_e = 4.35\sqrt{(L + 16P)} \tag{9-7}$$

式中输电电压主要由输电容量确定，输电线路的长度影响较小。

3. 经验公式三

$$U_e^2 = kPL \tag{9-8}$$

式中：

k——调整系数，$k = 1 \sim 2$。

4. 我国各级电压输送能力统计数据

表 9-13 所列为我国各级电压输送能力统计数据。

表 9-13   我国各级电压输送能力统计数据

电压/kV	输送容量/MW	传输距离/km
0.38	0.1 及以下	1～3
10	0.2～2.0	6～20
35	2～10	20～50
110	10～50	50～100
220	100～500	100～300
500	600～1 500	400～1 000

5. 从控制电力损失角度选择电压等级

电压等级与电网电力损失有密切关系，可利用电网电力损失确定各电压等级下的输送距离。考虑一般情况，即送电线路采用铝导线、电流密度 0.9 A/mm²、受端功率因数为 0.95 的条件下，各级电压线路每公里电力损失的相对值近似为式(9-9)：

$$U_e = \frac{5L}{\Delta P(\%)} \tag{9-9}$$

式中：

U_e—— 线路额定电压，kV；

ΔP——每公里电量损失的相对值，%；

L——线路长度，km。

送电线路的电力损失不宜超过 5%，由式(9-5)可求得各级电压合适的输送距离。根据以上 2 种数据与实际线路传输距离、所需传输容量相比较，就可就近选出可以采用的国家标准电压等级。

以某用户接入系统为例,该用户申请最终用电负荷为 60.5 MW,该变电站周围 110 kV 电源点较远(约 15 km),而附近就是 35 kV 电源点(距离约 1.5 km),分别用上述五种方法进行计算:

分别按照式(9-4)~式(9-7)计算,计算结果分别为 36.5 kV、134.9 kV、11.6 kV、30 kV;按照我国各级电压输送能力统计数据选择,应该选择 110 kV;如果按照《电力用户业扩工程技术规范》,应该以 110 kV 电压等级接入系统。结合经济比较,35 kV 电压等级完全可以满足该用户用电需求,最终该用户以 35 kV 电压等级接入系统。

三、供电可靠性

接入系统方案研究是用来检测电网规划项目的可行性与论证合理电网系统网架的重要项目,接入系统设计研究的结论对充实和完善电网规划起到积极作用。

由于项目研究自身的可选择性较大,可产生多种方案。在方案研究论证中,鉴于规划年电网运行时不可预见的情况时有发生,方案比选时应充分考虑其供电可靠性,同时应尽量考虑其接入方案的经济性,平衡投资需求和投资规模,通过夏季大方式情况下的潮流计算、短路电流计算进一步确定其推荐方案的合理性。

1. 如何理解双电源

《供配电系统设计规范》(GB 50052—2009)、《电力用户业扩工程技术规范》关于双电源定义:"到一个负荷的电源是由两个电路提供的,这两个电路就安全供电而言被认为是互相独立的。"此"双重电源"一词引用了 IEC50(601)中的术语"duplicate supply"。这个定义对于欧美国家是适用的,因为一个地方可能会有数家电网公司,可以非常方便地从两个电网接入互相独立的两个回路。

就国内而言,因地区电网都是与主网并网的,电网只有一个,用户不管从电网取几回电源进线,也无法取得严格意义上的两个独立电源,因此,如严格按照此双电源定义执行,则供电方案无从选择。此双电源定义可以理解为要么来自同一电网但在运行时电路互相之间联系很弱,要么来自同一电网但其间的电气距离较远,一个电源系统任意一处出现异常运行或故障时,另外一个电源仍能不中断供电。虽然可以这样理解,但在实际操作中难以把握其界限。

《重要电力用户供电电源及自备应急电源配置技术规范》(GB/Z 29328—2018)双电源定义:"分别来自两个不同变电站,或来自不同电源进线的同一变电站内两段母线,为同一用户负荷供电的两路电源。"此双电源定义比较清晰明确,符合中国的实际情况,建议接入系统工程按此定义进行设计、审查和解释。

2. 保安负荷

《重要电力用户供电电源及自备应急电源配置技术规范》(GB/Z 29328—2018)保安负荷定义:

用于保障用电场所人身与财产安全所需的电力负荷。一般认为,断电后会造成下列后果之一的,为保安负荷:直接引发人身伤亡的;使有毒、有害物溢出,造成环境大面积污染的;将引起爆炸或火灾的;将引起较大范围社会秩序或在政治上产生严重影响的;将造成重大生产设备损坏或引起重大直接经济损失的。

对于保安负荷供电,该规范要求增设应急电源。

《供配电系统设计规范》(GB 50052 2009)并没有保安负荷定义,负荷等级只有一、二、三级负荷,但其给出了一级负荷中特别重要的负荷这一说法:中断供电将造成重大设备损坏或发生中毒、爆炸和火灾等情况的负荷,以及特别重要场所的不允许中断供电的负荷。同时要求对一级负荷中特别重要的负荷应增设应急电源。

显然,一级负荷中特别重要的负荷等同于保安负荷,不管按哪个规范执行,要求是相同的。实际上,《供配电系统设计规范》(GB 50052—2009)、《重要电力用户供电电源及自备应急电源配置技术规范》(GB/Z 29328—2018)两个规程并无根本矛盾,实际应用中只须执行其中一个就可以了。

值得注意的是,《重要电力用户供电电源及自备应急电源配置技术规范》(GB/Z 29328—2018)并没有一、二、三级负荷的概念和定义,目前江苏省经信委出具的《江苏省电力用户重要性等级申报表》关于用户负荷性质的鉴定中却出现了一、二、三级负荷,按照用户性质的认定完全可以满足用户的用电需求,再出现一、二、三级负荷就会容易引起混淆和歧义,比如二级用户中含有一级负荷、普通用户含有二级负荷,如果同时执行这两个规范就会出现矛盾。

实际工作中也确实出现了这种问题,出现这种情况的原因,部分原因是一些用户对目前供电公司相关的规定不了解,他们认为负荷等级报的越高对他们的电力供应越有保障,因此在申报的时候拔高自己用电负荷等级。另外,《江苏省电力用户重要性等级申报表》中关于负荷等级都是用户自己填写,政府部门并不能在技术上进行把关。以某用户为例,该用户做接入系统设计时,其申请的为二级负荷,根据其负荷特性,并不属于二级负荷,设计人员劝说其按自己实际情况申报,该用户坚持为二级负荷,并在《江苏省电力用户重要性等级申报表》经信委盖章确认。设计完成后,因为费用等问题,该用户不能承受双回路供电,最终又从头开始,把负荷性质改为三级负荷。针对此种情况,建议供电部门严格把关,杜绝此种现象,避免供电公司资源浪费。

四、接入系统经济性分析

1. 普通用户接入的经济性分析

由于用户须承担电网建设的投资风险,对用户供电需求没有相应经济约束,很多用户不能实事求是地按实际所需负荷申请建设供电容量,所以用户提出的需求负荷多有不符合实际而多报的情况,给用户自己留备用,造成电网项目投产后轻负荷甚至无负荷,使电网作为企业的成本无谓扩大,严重地损害了电网的利益,增加了电网的投资风险。以某用户为例,该用户申请最终用电负荷为 60.5 MW,接入系统及其总降均按照此规模设计和建设,该用户总降投运以来实际负荷最高不超过 20 MW,虽然有受市场影响的因素,用户申请负荷存在多报也是一个重要原因。这造成了为之配套建设的电网侧变电站长期低负荷运行,浪费电网投资。因此,对于用户申报负荷需要在营销、接入系统设计、审查、建设等阶段全面把控,杜绝此类现象,维护电网利益。

目前用户供电项目的经济评价还没有评价办法和评价原则,主要是对过网电量和增供电量不好界定,使经济评价没有明确的、统一的计算办法。从长远来看,必须对用户供电项目进行经济评价,分析项目的投入和产出关系是否合理,以确保电网企业的利益不受损失,合理规避投资风险。

2. 电源接入系统的经济评价

目前根据国家政策,电源接入系统的外线部分一般由电网承建,对于电网此项投资的经济评价同样没有一个具体的、明确的评价原则。

对于电网此项投资的经济评价可从电力市场的实际出发,以电网经济效益为中心,重点分析项目投产后对销售电价的影响及电量加价的承受能力;从电价承受能力以及现行利率等几方面进行综合平衡,确定合理的财务内部收益率。

具体在评价时可以用上网电量加价法单独评价。电网接受的上网电价为电厂出口电价与上网电量加价之和。

上网电量加价＝(总成本费用＋利润＋税金)/年上网电量;销售收入＝上网电量加价×年上网电量。

项目计算期包括建设期和经营期,电源接入系统和用户供电项目的建设期一般为1～2年,经营期按20年考虑。

为便于分析且更直观地说明问题,选取了南京某垃圾电厂进行经济评价,定量地分析这类项目的收益水平和电量加价的幅度,以考核企业对加价幅度的承受能力和项目的可行性。江北垃圾电厂项目外线接入概况:

该垃圾电厂两回专线分别接电网某110 kV变电站的35 kV两段母线,采用电缆与架空混合线路,其中电缆3 km,采用双回YJV$_{22}$－26/35－3×400 mm^2,架空线3 km,采用双回LGJ－240。

投资估算:35 kV双回路电缆(YJV$_{22}$－26/35－3×400 mm^2)按550万元/km计,35 kV双回架空线LGJ－240按120万元/km计;经计算,外线费用共2 010万元。

该项目每年新增上网电量2.72亿kW·h。外线接入资金来源暂定注册资本金按总投资的20%计算,其余80%为融资,融资利率为5.76%。项目静态总投资为2 010万元,建设期贷款利息为294万元,不考虑物价增长因素,项目动态总投资为2 304万元。建设期3年,运营期20年。

增值税率按销售收入的17%计算;销售税金附加包括城市维护建设税和教育附加费,分别按增值税的7%和3%计算;所得税率按新增应纳税所得额的33%计算。

在保证注册资本金内部收益率最少不低于8%的条件下,反推上网电量加价,评价结果见表9－14。

表9－14　上网电量加价计算表

评价指标	电源接入指标值
注册资本金内部收益率/%	8
注册资本金财务净现值/万元	203.32
注册资本金投资回收期/年	16.34
全部资本金内部收益率/%	8.06
全部资本金财务净现值/万元	498.75
全部资本金投资回收期/年	10.66
投资利润率/%	5.95

续表 9 - 14

评价指标	电源接入指标值
投资利税率/%	9.51
资本净利润率/%	13.28
上网电量电价(不含税)/元(kW · h)$^{-1}$	0.012
上网电量电价(含税)/元(kW · h)$^{-1}$	0.015

由计算结果可以看出,含税上网电量加价为 0.015 元每 kW · h^{-1},对于电网而言完全可以接受。

通过上述典型案例的经济评价,提出了评价方法和思路,使电源接入系统收益水平测算和电量加价幅度分析得到了量化,为电网投资决策提供科学依据。

五、企业小电厂并网相关问题

随着国家有关节能和资源综合利用政策的出台,近年来企业小电厂越来越多,容量也不断增大,电网结构趋于复杂,由此带来的相关问题也越来越突出,因此并网必须根据实际情况制定可行性方案。

企业小电厂机组的运行特性和稳定性较差,影响了其上网线路继电保护装置的配置和整定,如按常规方法对线路进行保护配置和整定,当系统发生故障,容易导致故障线路与电厂之间变电站的失压和损失负荷。为此,通过分析实例,提出优化企业小电厂上网线路继电保护的配置和整定方法,以减少事故的发生,提高系统的供电可靠性。下面以某用户热电厂为例,分析并网相关问题及其解决办法。

1. 并网方式

某用户拟建设一套利用水泥生产过程中产生的余热进行发电的装置,本装置是利用公司现有水泥生产线所产生的余热,建设一套装机容量 25 MW 的低温余热机组。

该用户现有一座 110 kV 变电站 B,该变电站两条进线均来自 220 kV 变电站 A,主变容量(1×16 MV · A+1×35 MV · A)。发电机组并接在用户变 6 kV 侧,具体如图 9 - 1 所示。

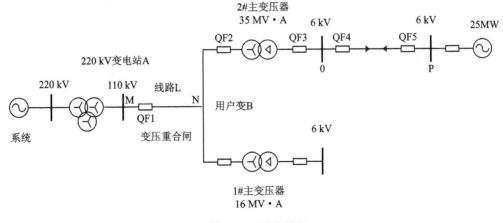

图 9 - 1   系统接线图

根据供电企业的要求以及用电企业的实际生产情况,热电厂只能自发自用,不足部分由电网供给,不能上网;发生故障时应解列热电厂,以确保电网安全并确保用电企业尽快恢复供电。

热电厂的并网在电力系统的零序网络发生变化时,改变了短路电流的分布,线路接地时的短路电流水平升高,零序电流的保护范围也发生相应变化,因此相关线路和系统的零序保护都需进行校核。

为保证热电厂的安全稳定运行,避免小发电机组失稳,一些重合闸及备投装置须停用;另外因增加了一个接地点,在小电源上网或与系统解列时,都要进行复杂的地形和相应保护的投停,这些都会降低电网运行的可靠性,增加设备投资和运行维护人员的工作量。比如,110 kV线路(线路 L)发生瞬时故障时,若热电厂不能及时解列,将造成 110 kV 线路重合闸不动作,用户变 B 全站失电,产生的过压有可能影响 110 kV 线路和变压器及相关设备的安全。由此可见,在相应装置完善之前,变电站的供电可靠性受小电源影响很大。

2. 保护配置

(1) 线路 L 保护配置

《江苏电网小发电机组并网管理规定》:"并网通道上应具备完善的同期并列装置及快速保护,确保全线快速切除故障"。热电厂并网前配网内是单电源辐射型线路,原电网的直配线 MN 上已设有距离保护、零序电流保护,没有光纤纵差保护。经过计算,原有保护完全可以满足要求,由于变电站 A 的 110 kV 母线是双母线带旁路接线,如采用光纤纵差保护,当旁路母线带线路 L 时,线路 L 将失去保护,而且投资较大。基于上述原因,考虑不采用光纤纵差保护,原线路保护仍维持不变。热电厂并入电网后,原电网的直配线 MN 变为带有小电源的联络线,普通重合闸已不能满足可靠性的要求,需增加线路电压互感器,将 QF1 的普通重合闸更换为检无压重合闸。

QF2 原处受电侧,没有保护装置,热电厂接入后,为防止在 110 kV 线路上发生短路故障,影响电气设备的安全,一般安装一套能有效切除 110 kV 线路接地和相间短路故障的保护。在小电源容量较大的情况下,大电源和小电源之间的线路可有多种保护方式,特点各异。鉴于用户热电厂容量较大,实际运行中为提高供电可靠性,QF2 考虑仍不设保护;当 MN 线路发生瞬时故障后,将不受热电厂影响,QF1 开关一旦重合成功,可使变电站迅速恢复正常供电;而且还简化了部分线路保护的整定,缩短了电厂侧线路保护后备段时限,这对用户更为有利,如电厂内发电机组的保护和自动装置设置整定恰当,可确保厂内其他生产不受影响。

根据供电企业的要求,在 MN 线路有任何故障时,均要先使热电厂与系统解开,待重合成功后,热电厂再与系统并网,以防线路重合时再次冲击热电厂。所以应增加 QF3 动作联跳 QF4 功能。因为在实际运行中发现,MN 线路在某一种运行方式下的某种故障,反映到解列点(QF4)处的电压的降低不足以使解列装置动作,而低频保护由于有频率滑差闭锁,在频率变化较大情况下,将闭锁低频保护,解列保护性能将大打折扣。

(2) 变压器中性点保护配置

《3~110 kV 电网继电保护装置运行整定规程》(DL/T584—2007)中关于地区电网联网运行的规定为:"对中性点直接接地系统的主网终端变电所,如变压器中性点不直接接地,且负荷侧接有地区电源,则变压器还应装设零序电压和间隙零序电流解列装置"。根据上述规定,变压器中性点配置零序电流、间隙零序过流、间隙零序过电压保护。

热电厂接入之前,配电网为单电源辐射状结构,为了提高接地保护的可靠性及灵敏度,

图 9-2 中 110 kV 线路 L 变压器的中性点一般不接地运行,以简化零序网络,即使接地运行,其中性点的零序电流保护也不必运行。

热电厂接入后,在大运行方式下,小发电机组失稳时,将产生零序电压,直接威胁变压器的绝缘,影响设备的安全及寿命。为防止 110 kV 线路接地时产生的过压影响 110 kV 线路和变压器及相关设备的安全,该变压器 110 kV 侧中性点需接地并投入零序过流保护。变压器的间隙保护在跳开变压器两侧开关之前,应先解列热电厂,这样有助于事故后快速恢复送电。

(3) 联络线保护配置

并网变与小发电厂之间的联络线,即图 9-2 中的线路 OP 一般很短,作为新线路,为能够实现保护配合,线路 OP 在施工同时敷设通信线路,因此断路器 QF4、QF5 配光纤纵差保护。同时以 2 段(方向)过流保护作为后备,由于线路 OP 为全电缆,一般出现故障都是永久故障,所以不设重合闸。另外,在并网联络线断路器上配置低频、低压及带方向的电流解列装置,如果地区电网有异常或故障,可将热电厂迅速与系统解列,既保证了小发电机的设备安全,又不影响系统内的重合闸和备用电源自投装置的使用,提高对用户的供电可靠性。

(4) 保护动作分析

当在 110 kV 线路(线路 L)上发生瞬时接地故障时,依靠断路器 QF1 零序保护或距离保护动作跳开断路器 QF1 后,造成变电站与主电源失去电气联系,仅有小电源与该变电站连接。由于小电源提供的功率有限,因此无法维持变电站电压,变电站电压迅速下降,全站失压,造成低电压保护启动,以短延时跳开断路器 QF4。此时断路器 QF1 检测到线路无压,重合闸动作,重新向该变电站供电。此时,若小电源发电机还没停机,可根据断路器 QF4 所配的保护,或者实现检同期重合,或者由变电站操作人员手动合断路器 QF4 实现小电源并网。

3. 定值计算

线路 L 的距离、零序定值仍按直配线计算,定值可维持不变。

主变间隙保护定值可参照《3～110 kV 电网继电保护装置运行整定规程》(DL/T 584—2007)相关规定:"3 倍零序电压 $3U_o$ 定值一般整定为 10～15 V(额定值为 300 V),间隙零序电流一次定值一般可整定为 40～100 A,保护动作后带 0.1～0.5 s 延时,跳地区电源联络线路的断路器"。根据上述原则,间隙解列保护时间整定为 0.2 s,与跳主变两侧的间隙保护 0.5 s 配合。发生故障时,在跳开变压器各侧开关之前先解列发电机并网联络线,以保证变压器不继续过电压而跳闸。

在计算低压解列定值时,应保证在 110 kV 线路 MN 故障时,使热电厂可靠解列,同时,发电机的解列时间应小于 110 kV 线路重合闸时间,确保用户的安全用电。若在某方式下不能可靠解列,则需对一次方式进行限制或保护定值进行适当调整,尽量满足更多的系统运行方式要求。

系统突然增加小电源,需要重新复核保护配置与整定方案是否满足要求,优化企业小电厂上网线路继电保护的配置和整定方法,以减少事故的发生和由此造成的经济损失,从而保证并网小电厂的安全运行,提高系统的供电可靠性。

六、分布式电源接入若干问题

分布式电源技术作为新一代发电技术,其发展上升的势头不可阻挡,分布式电源接入后,配电网的设计、规划、营运和控制都要升级换代来适应分布式电源的发展,应用新的技术,制定相应的管理措施,才能使大量分布式电源接入配电网后能够安全稳定运行。

1. 分布式电源的鉴定

目前国家对分布式电源有政策支持,一般容量较小的 10 kV 及以下接入电网的没有异议;当容量较大、以较高电压等级接入电网时,如何鉴别是一个问题。

国家能源局关于分布式电源的定义 1:以 35 kV 及以下电压等级接入电网、单个项目容量不超过 2 万千瓦且所发电量主要在并网点变电台区消纳的光伏电站项目。对于符合该分布式电源定义的项目,国家要求电网企业简化程序办理电网接入手续。

国家电网公司关于分布式电源的定义 2:第一类:10 kV 及以下电压等级接入,且单个并网点总装机容量不超过 6 MW 的分布式电源。第二类:35 kV 电压等级接入,年自发自用电量比例大于 50% 的分布式电源;或 10 kV 电压等级接入且单个并网点总装机容量超过 6 MW,年自发自用电量比例大于 50% 的分布式电源。

以某光伏接入系统为例,总装机容量为 20 MW,以 35 kV 电压等级接入系统,所发电量全部上网,就地消纳。如果按照定义 1,属于分布式电源,按照定义 2 则不是。对于这种情况,需要根据分布式电源的基本特征去鉴别,即:项目场址位于用户所在场地或其附近;建设目的为"自发自用,多余上网";多余电量在项目所在地配电网系统平衡消纳。根据以上特征,该光伏电站应按常规电源办理接入手续。

2. 对电压和电能质量的影响

集中供电的配电网一般呈辐射状,稳态运行状态下,电压沿馈线潮流方向逐渐降低。一方面,分布式电源接入配电网后,由于用户端出现了电源,将会改变稳态电压的这种分布规律,潮流计算时需要仔细校核电压情况;另一方面,由于分布式电源较多的采用逆变器,会对电网注入大量高低次谐波,还会造成电压的波动、闪变等电能质量问题。为解决这一问题,可以考虑在附近增设滤波器等滤波装置降低系统谐波含量,提高系统电能质量。

3. 对继电保护的影响

在传统配电网中,线路故障时短路电流为从电源端指向故障点的单一流向电流,因此主馈线上所配置的保护为无方向三段式过流保护、反时限保护或者距离保护,另有重合闸装置。分布式电源接入后,短路电流的方向及水平将因受到分布式电源的类型、接入位置及容量的影响而发生变化,可能导致原保护系统发生不正确动作。这就需要在电源接入配电网后,重新考虑各方面的因素,进行继电保护的整定计算,尽力使系统不会因为原保护系统的不正确动作而陷入频繁的故障。如果分布式电源容量较大,如前述光伏电站,总容量为 20 MW,接入系统后需要对系统继电保护进行重新配置,包括并网点系统侧装设母差保护、从并网点到 220 kV 电源点均须配置光纤纵差保护等。

4. 对电网营运的影响

大量分布式光伏电源接入到配电网中后,用户侧可以主动参与能量管理和运营,使传统配电网运营费用模型不再适用。因此,一方面面临电力市场自由化的压力,另一方面可再生能源诸如光伏电源却得到保护和补贴,使得配电网在运营、保证供电质量和可靠性方面面临越来越大的压力。

第十章 电网规划

第一节 电网规划概述

一、电网规划的定义、分类、方法

1. 电网规划的定义

电网规划又称输电系统规划,以负荷预测和电源规划为基础。电网规划确定在何时、何地投建何种类型的输电线路及其回路数,以达到规划周期内所需要的输电能力,在满足各项技术指标的前提下使输电系统的费用最小。

2. 电网规划的分类

电网规划分为短期规划和长期规划。短期规划分为 1~5 年,规划的内容比较具体仔细,可直接用来指导建设。

长期规划则需要考虑比输变电工程建设周期更长的发展情况,一般规划 6~30 年。长期电网规划需要列举各种可能的过度反感、估计各种不确定因素的影响等。长期规划的方案并不一定在建设中原封不动的实施。由于客观条件或环境的改变,规划方案也将不断变化。

3. 电网规划的方法

电力系统规划的最终结果主要取决于原始资料及规划方法。没有足够和可靠的原始资料,任何优秀的规划方法也不可能取得切合实际的规划方案。一个优秀的电力系统规划必须以坚实的前期工作为基础,包括搜集整理系统电力负荷资料,收集当地的社会经济发展情况,电源点和输电线路方面的原始资料等。

目前,我国在规划方法方面,处于传统的规划方法和优化规划方法并用的状态。

(1) 基础资料的收集及分析工作

为保证规划工作的真实性和合理性,前期资料的收集和分析工作非常重要,包括规划基础年的电量、最大负荷、分区负荷、经济发展指标、产业电量发展指标、电网及设备现状等基础数据,并对这些数据进行分析和预测,为城市电网规划提供准确有力的依据。

(2) 负荷预测及网架结构的布置

电力负荷及电量的增长取决于经济增长的规模和速度,经济发展的速度、产业结构的变化,以及技术构成的变化,均要影响电力的需求量。电力负荷及电量预测受社会政治、经济条件的变化等不确定因素的影响较大。尤其是现阶段,各地招商引资力度都非常大,建设了大大小小的各类工业园区,这些园区普遍存在报装负荷与实际用电负荷差距较大,用电负荷不确定以及企业用电容易受经济危机影响等因素,给电力负荷及电量预测带来很大的困难,使得负荷平衡往往做得不准确,给电网规划建设项目带来误导。然而,供电区负荷的大小又决定主网布点及网架结构的规划,因此负荷的收集、预测及特性分析非常重要,应加强与地方政府的沟通,及时掌握各类大型招商引资项目的进展情况,通过规划年内各区负荷的收集,采用不同的方法进行准确的预测,推算出分区负荷在规划年的增长情况,根据分区各个规划年份负荷的预测结果对网架布点及结构进行合理规划,使得城市电网规划更具有科学性和合理性。

(3) 电网规划与城市规划的协调发展

电力工业作为国民经济的基础产业这一属性,本身就决定了电力建设的发展必须与国民经济和社会发展相适应,必须解决专业性规划与总体规划之间的协调性问题。因此,电网规划应当根据城市建设发展的需要进行编制,并根据本市发展的实际情况适时调整。电网规划由市经贸行政主管部门会同发展改革、建设、规划、环保等部门和供电企业编制或者调整,经市人民政府批准后纳入城市总体规划。

电网规划与城市总体规划的衔接关键是要处理好两个规划间的关系。电网规划的目的是在保证可靠性的前提下满足日益增长的电力需求,提高总体社会效益,电网规划主要侧重于城市空间内电网的科学合理布局,更多地强调技术和经济层面的合理性。城市总体规划是根据地方社会经济发展的需要作出的一个综合全面规划,更侧重于规划市区的科学合理的布置,更多地强调规划实施的管理与指导。两个规划有着共同的规划对象和规划目标,都涉及城市建设用地控制和空间走廊,它们之间应该是相互协调和衔接的关系。因此,两者的衔接首先要落实到规划的编制阶段,而在审批和实施的过程中同样需要。电网规划应在城市总体规划的指导原则下进行编制,以往电网规划仅是将规划项目建设纳入城市规划之中,变电站位置和线路走廊都是未定数,政府规划部门难以预留与控制,往往形成"建时再定""随建随定"的状况,不能做到实际上的有效衔接。结合本人多年从事电网规划工作的实践经验,应当着重注意以下三点:

一是实现规划同步,确保规划编制时间、年限的一致,并同步进行修编与调整。

二是提高规划可操作性,电网企业与规划设计单位共同开展城乡供电专项规划和 35 kV 及以上电网的布局规划编制,实现城区变电站和线路精确到地理坐标点、廊道宽度和转角位置,乡村变电站和线路走廊落实到具体乡村位置,专项规划经由省(市)政府审批,与城市规划有机衔接,作为电网建设和省(市)域空间管制的重要依据和内容。

三是建立统一规划体系,搭建平台和实现信息畅通。

(4) 电网规划的对外宣传工作

加强宣传力度:通过新闻媒体进行电力设施建设的重要性以及相关技术和环保等科学知识宣传,增加城市居民对电力设施的科学认识,以消除城市居民对电力设施建设的抵触情绪和安全顾虑。积极争取政府政策,促使政府各部门支持电力建设,建设绿色通道对土地征用、拆迁补偿、线路路径等问题按照相关标准并在规定时限内给予解决。尽量营造全社会关注电力建设的氛围,努力推动电网规划的有效落实。

二、电网规划的主要工作

1. 网架规划

网架规划是电网规划的重要组成部分,其任务是根据规划期间的负荷增长确定相应的最佳网络结构,以满足经济可靠地输送电力的要求。网架规划的基本原则是在保证电能安全可靠地输送到负荷处的前提下,使电网建设和运行费用最小。网架规划应满足线路和变压器的过载约束以及节点电压约束,有时还有一些其他的特殊要求。一般来说,网架规划主要解决在何处投建新的变电站、线路;在何时投建新的变电站、线路的问题。

2. 变电站布点

在城市电网中高压变电站的布局是否合理,容量匹配是否得当,将对整个城市电网能否安全、经济、合理的运行起到至关重要的作用。在城市电力网络规划中,这也是一个尤为重要的问题,需要在准确预测地区负荷分布的基础上,以满足负荷发展要求为基本准则;结合地区网络及城市建设的方方面面特点来综合考虑。

(1) 变电站选址的基本要求

① 接近负荷中心:在选择站址方案时,事先须搞清楚本变电站的供电负荷对象、负荷分布、供电要求,变电站本期和将来在系统中的地位和作用。选择比较接近负荷中心的位置作为变电站的站址,以便减少电网的投资和网损。

② 使地区电源分布合理:应考虑地区原有电源、新建电源以及计划建设电源情况,要将地区电源和变电站不集中设置一侧,以使电源布局分散,既减少二次网的投资和网损,又达到安全供电的目的。

③ 高低压各侧进出线方便:应考虑各级电压出线的走廊,不仅既要使送电线路能进得来走得出,还要使送电线路交叉跨越少,转角小。

④ 站区地形、地貌及土地面积满足近期建设和发展要求:在站址选择时,应贯彻以农业为基础的建设方针,不仅要贯彻节约用地、不占或少占农田的精神,而且要结合具体工程条件,采取多种布置方案(如阶梯布局、高型布置等),因地制宜地适应地形、地势,充分利用坡地、丘陵地。对建设发展用地,最好哪年用哪年征,不要过早圈定。

⑤ 站址不能被洪水淹没或受山洪冲刷,地质条件适宜。

(2) 变电站选址及容量问题

区域电网通常由送电线路、高压配电线路、中压配电线路、低压配电线路以及联系各级电压线路的变电站组成。这些变电站的位置直接影响整个规划区电网的结构。尤其是高压变电站,其位置及容量的确定既要考虑到负荷的分布情况,又要考虑到整个电网的结构,其布局好坏直接影响到供电网络的结构是否合理以及无功电源的配置等问题,所以变电站选址问题是在区域负荷预测之后的一项十分重要的基础工作。中压变电站或配电变压器的位置和容量主要取决于各用户用电负荷的大小,它们的位置及容量的确定相对高压变电站而言要容易得多。但是,由于配电变压器的数量远远大于高压变电站的数量,一个中等规模的规划区就常有多达数千台配电变压器,对其位置及容量进行自动选择将大大提高规划工作的效率,并克服人为选址的随意性。在城市电网规划中,变电站站址的优化选择是十分重要的,它关系到整个系统运行的可靠性和电网建设的经济性。

变电站站址的选择是输变电工程项目建设中的一项重要的内容,站址选择的好与坏直接影响工程投资效益,它关系到整个系统运行的可靠性和电网建设的经济性。传统的变电站选址方法都是基于平均负荷分布假设基础上的。但实际上,城市的负荷分布是不均匀的,有些地区由于是工业区,可能负荷密度很高,而有些地区却可能很低。这时,如果还是采用传统的选址方法,将会产生一个不合理的变电站布点方案。近年来,随着计算机技术和优化理论的迅速发展,许多电力系统专家开始致力于应用计算机来解决电网规划问题,从而大大提高规划的速度和质量,给传统的电网规划工作注入了新的活力。正因为如此,国内外许多专家学者在变电站选址方法研究方面做着不懈的努力,提出了许多方案来解决这一问题,同时也取得了很大的进展,使得变电站的选址及容量优化工作越来越科学化、系统化。

3. 线路路径的选择

线路路径的选择工作一般分为图上选线和野外选线两步。图上选线是先拟定出若干个路径方案,进行资料收集、野外踏勘和技术经济分析比较,并取得有关单位的同意和签订协议书,确定出一个路径的推荐方案;报领导或上级(包括规划部门)审批后,再进行野外选线,以确定线路的最终路径;最后进行线路终勘和杆塔定位等工作。图上选线比例通常在五千分之一、万分之一或更大比例的地形图上进行的。图上选线是把地形图放在图板上,先将线路的起止点标出,然后将一切可能走线方案的转角点,用不同颜色的线连接起来,即构成若干个路径的初步方案,再按这些方案进行线路设计前期的资料收集。根据收集到的有关资料,舍去明显不合理的方案,对剩下的方案进行比较和计算;确定 2～3 个较优方案,待野外踏勘后决定取舍;确定线路最佳方案。

路径方案比较时,应包括如下内容:

① 线路的长短;

② 通过地段的地势、地质、地物条件以及对作物和大跨越及不良地形的影响情况;

③ 交通运输及施工、运行维护的难易程度;

④ 对杆型选择,技术上的难易程度、技术政策及有关方面的意见;

⑤ 线路的总投资及主要材料、设施消耗量的比较等。

为使线路建设的经济合理。对输电线路可能涉及的工矿企业、铁路交通、邮电通信、城镇建设以及军用设施等,要与有关单位协商研究解决,并签订相关协议。室内选线时由于受地形图测绘时间限制,建设与发展也不可能及时反映到地图上来,其上所反映的地形、地貌也不可能十分详尽,甚至与实际的地形、地貌、地物条件相差出入很大,因而除了根据图上选线方案进行广泛收集资料外,还必须进行野外沿线踏勘或重点踏勘,其目的在于校核图上选线方案是否合理。或提出更好的线路路径方案。同时,在踏勘中还要了解主要建筑材料的产地和交通运输条件等,作选定路径的参考。在图上选线结束后进行野外选线,野外选线是将图上最后选定的路径在现场具体落实,确定最终走向并埋设标志,以利勘测。路径方案的选定是一项技术性、政策性很强的工作。它对线路的技术经济指标、施工运行维护等起着决定性作用。因此,作为设计人员必须慎重对待,选出最优方案,以确保线路运行安全为先决条件。在一般情况下,应尽量选取线路长度短、转角少并且转角度数小、跨越小、拆迁少、占良田少、节约耕地、竹木砍伐少、交通运输、施工和运行与维护方便及地形地质好的线路方案。

4. 系统接线模式

(1) 同电源不同母线辐射接线(变电站设二台变)

这种接线简单实用,正常运行时变电站母线上的断路器断开,两条线路分别带 50% 负荷。当其中一条线路发生故障时,这条线路退出运行,变电站母线的断路器合上,由剩下的一条正常线路带两台变压器。考虑断路器的故障率通常很小,影响系统可靠性指标的元件主要是线路的故障率和开关的操作时间,这种接线模式的可靠性较高。

(2) 同电源不同母线辐射接线(进线侧不设开关)

这种接线模式与模式 1 相比,最大的特点是在变电站进线侧没有开关。线路平常都带满负荷,当其中的一条线路发生故障,其相应的变压器必须停电,因而其可靠性比接线模式 1 要低。

（3）同电源双 T 接线（变电站设二台变）

这种模式接线采用变压器母线组的形式,所需的变电站设备投资较少,并且对实施自动化比较有利。这种模式可靠性比第一种接线模式低,当有一条线路发生故障时,所带的变压器必须停电,变压器所带负荷只能通过低压备用转带,若没有低压备用,则负荷就要停电。

第二节　电网规划的技术原则

一、电压等级

输电网电压等级为 500 kV、220 kV,公用高压配电网以 110 kV 为主,对于 35 kV 电压等级,原则上不再发展公用电网,条件具备时逐步升压为 110 kV;中压配电电压 10 kV,低压配电电压 380/220 V。

二、电网供电可靠性

城市电网规划考虑的供电可靠性是指电网设备停运时,对用电客户连续供电的可靠程度,应满足电网供电安全准则和满足客户用电的程度目标中的具体规定。

1. 电网供电安全"N-1"准则

城市电力网的供电安全采用"N-1"准则,即:

① 高压变电站中,失去任何一回进线或一台降压变压器时,不损失负荷。

② 高压配电网中,一条架空线,或一条电缆,或变电站中一台降压变压器发生故障停运时:在正常情况下,不损失负荷;在计划停运情况下,又发生故障停运时,允许部分停电,但应在规定时间内恢复供电。

③ 中压配电网中,一条架空线,或一条电缆,或变电站中一台降压变电器发生故障停运时:在正常情况下,除故障段外不停电,并不得发生电压过低和设备不允许的过负荷;在计划停运情况下,又发生故障停运时,允许部分停电,但应在规定时间内恢复供电。

④ 低压配电网中,当一台变压器或低压线路发生故障时,允许部分停电,待故障修复后恢复供电。

同时要对变电站作进出线容量的配合和校核。变电站主变一次侧进线总供电能力应与主变一次侧母线的转供容量和主变压器的额定容量相配合,并满足供电可靠性的要求。

2. 满足用户用电的程度

电网故障造成客户停电时,允许停电的容量和恢复供电的目标期间应遵循:两回路供电的用户,失去一回路应不停电;三回路供电用户,失去一回路应不停电,再失一回路应满足 50%～70% 的用电量;一回路和多回路供电的用户电源全停时,恢复供电的时间为一回路故障处理时间。

考虑具体目标时间的原则是:负荷愈大的用户或供电可靠性要求愈高的用户,恢复供电的目标时间应愈短,可分阶段规定恢复供电的目标时间。随着电网结构的改造和完善,恢复供电的目标时间应逐步缩短,若配备自动化装置时,故障后负荷应能自动切换。

三、容载比

变电容载比是电网内同一电压等级的主变压器总容量与对应的供电总负荷之比,是宏观控制变电总容量及反映电网供电能力的重要技术经济指标,也是规划设计安排变电站布点和主变容量的重要依据之一。其大小与负荷分散系数、平均功率因数、变压器运行率、储备系数等计算参数和变电站布点、数量、转供能力等电网结构参数有关。

根据《城市电力网规划设计导则》(Q/GDW 156—2006),城网规划时确定变电容载比的具体范围可参照表 10 - 1。

表 10 - 1 变电容载比规划范围

年负荷增长率	小于 7%	7%~12%	大于 12%
500 kV 及以上电网	1.5~1.8	1.6~1.9	1.7~2.0
220~330 kV 电网	1.6~1.9	1.7~2.0	1.8~2.1
35~110 kV	1.8~2.0	1.9~2.1	2.0~2.2

四、电网结构

各级电压电网的接线应标准化,高压配网接线力求简化,下一级电网应能支持上一级电网,根据系统规划设计要求予以配置,满足电网安全可靠、坚强智能、容量充足、运行灵活的要求。

1. 220 kV 及以上输电网

220 kV 电网是城市供电网的核心。220 kV 电网将以就近 2 座 500 kV 变电站为电源构成一个 220 kV 供电区域,采用分区供电方式,各分区之间相对独立,并充分利用原有的环网线路提供分区之间的相互支援。新建 220 kV 变电站的电源在现状 220 kV 网络的基础上开断环入,或者新构建分区环网。

2. 110 kV、35 kV 电网

变电站接入系统时,根据电网专业规划的选线成果,按照远期网架结构,因地制宜选择路径,近期新建变电站电源直接引自 220 kV 变电站或由就近 110 kV 线路开断环入,远期形成两端就近以 220 kV 变电站作为电源,按“先辐射、后互联”的原则逐步实现“三线三站”“三线两站”“两线三站”“两线两站”的接线模式。局部位于城市边缘的地区由于通道受限,可采用辐射接线。根据“生命线”工程(确保在任何极端情况下保住“生命线”网架,为最重要的电力用户可靠供电和电网恢复运行提供保障),继续对电网片区间或片区内部现有的联络通道进行梳理,通过电网建设与改造来提高电网的互供能力。

规划地区依托现状网络将逐步构建“三线三站”目标网架。

35 kV 公用网原则上将逐步取消,部分 35 kV 变电站根据周边负荷发展需要升压为 110 kV 变电站。原 35 kV 线路根据 110 kV 电网的发展目标进行部分线路升压改造。

3. 10 kV 中压配电网

配电网应根据区域类别、地区负荷密度、性质和地区发展规划,选择相应的接线方式。配电网的网架结构宜简洁,并尽量减少结构种类,以利于配电自动化的实施。新增上级电源点应

考虑满足中压配电线路供电距离的要求,在多个电源点间可利用联络线路的设置,达到缩短供电半径,在不改变线路电缆导线的截面,而提高原有线路供电能力及供电可靠性。

10 kV 配电线路供电半径不大于 2 km。

五、短路电流

电网短路电流应从网络的设计、变压器容量、阻抗的选择和运行方式等方面进行控制。

南京地区各级电压的短路电流控制值为:

500 kV 为 63 kA;220 kV 为 50 kA;110 kV 为 40 kA;35 kV 为 25 kA;10 kV 为 20 kA。

当母线短路电流大于以上控制值时,采用网络开环运行、变压器分列运行、选用高阻抗变压器、串联电抗器等方式进行限制。

六、无功补偿

各级电压变电站的无功补偿装置容量,应按《城市电力网规划设计导则》(Q/GDW 156 2006)、电压稳定要求和电网实际情况进行优化配置,并按无功平衡要求装设并联电抗器。220 kV 变电站无功补偿容量一般为变压器容量的 15% 到 30%,110 kV 及以下变(配)电站无功补偿容量一般为变压器容量的 10% 到 30%。中低压无功补偿根据就地平衡和便于调整电压的原则进行配置,采用分散和集中相结合的方式。集中装设在配电所低压侧的无功补偿容量,一般为变压器额定容量的 7%～10%。

客户应首先选用自然功率因数高的用电设备,并按要求安装功率补偿装置,凡具备与用电设备同时投切个别补偿条件者,优先采用个别补偿;补偿装置应随负荷大小、电压高低自动投切。

变电站出线有较多电缆时,应考虑装设并联电抗器。

七、电压损失允许偏差

详见本书第四章第一节。

八、供电设施选择

供电设施的选择应满足电网规划设计的要求,适合规划区建设的特点,最终实现规范化、标准化。

供电设施选址、占地及线路路径应根据需要与规划部门研究后确定。供电线路路径和走廊位置应与其他市政设施统一安排,依据各电压等级电网接线方案,结合道路规划建设和改造,同步预埋或预留必要的电力通道。

1. 线路选择

(1) 敷设原则

220 kV 新建线路按照不同地区发展要求选择合理的敷设方式。一般采用架空方式,局部对城市发展影响较大的区域采用电缆敷设。线路走廊应按规划部门要求沿规划区周围道路规整布置,尽可能减小对周边用地的影响。其中,规划区范围内,均采用电缆。

110 kV 新建线路采用架空和电缆相结合方式。规划区域内,以电缆敷设为主。新建电力线路的架空路径需沿城市规划廊道用地结合绿化带进行布置,积极推广高压线同杆多回架空方式,尽量选用节省占地的紧凑型塔形,一般采用同塔双回路架设,局部线路通道紧张的区域可采用同塔四回路架设(可混压),必要时需考虑采用铝合金耐热倍容导线,以节约城市用地。

新建电力电缆一般沿东西向道路北侧、南北向道路东侧采用管沟结合方式敷设,积极结合综合管廊的建设进行电缆线位的预设。在变电站出口或通道异常紧张的情况下可采用电缆隧道。城市规划和建设中应结合城市综合管廊的开发预设电力缆线位置,充分利用桥梁和隧道过江河资源作为敷设电缆通道。

表 10 - 2　架空、电缆选择原则

电压等级	中心城	副中心城	新　城	新市镇
220 kV	片区 A 电缆敷设;其他地区原则上结合综合管廊敷设,有廊道的地方考虑架空通道	架空和电缆敷设相结合	一般架空	架空
110 kV	以电缆方式为主	有廊道条件的适度采用架空	架空和电缆敷设相结合	一般架空

(2) 导线截面

220 kV 线路:架空导线采用 LGJ - 2×630、LGJ - 2×400,电缆截面采用 2 000 或 2 500 mm^2。

110 kV 线路:架空导线采用 LGJ - 400、LGJ - 300,电缆截面采用 630 mm^2、800 mm^2、1 000 mm^2。

(3) 架空线路走廊宽度

一般要求:220 kV 线路廊道宽度为 34 m;110 kV 线路廊道宽度为 26 m。廊道条件宽裕或有其他要求的地段可参照相关规定适当放宽。

2. 变电站

(1) 220 kV 变电站

220 kV 变电站配置主变 3 或 4 台,容量采用 180、240 MV·A。新建变电站的电压等级一般采用 220/110/10 kV。

变电站 220 kV 侧:枢纽站进出线 12～14 回,采用双母线双分段接线;中间站进出线 8～10 回,采用双母线接线;终端站进出线 2～3 回,采用桥接线或线路—断路器—变压器组。

变电站 110 kV 侧:进出线 10～14 回,采用双母线接线。

10 kV 侧:进出线每台主变为 10～12 回,采用单母线分段环形接线。

(2) 110 kV 变电站

110 kV 变电站原则上采用 2 或 3 台主变压器,单台主变容量一般采用 50 MV·A、63 MV·A、80 MV·A。电压等级一般为 110/10 kV。

110 kV 侧可采用单母线分段、环进环出支接变压器。终端变电站 110 kV 侧采用扩大桥和线变组的应预留出线支接端口。110 kV 侧一般采用"三进三出"模式;10 kV 出线一般为每台主变配 10～12 回,采用单母线分段环形接线。

3. 设备选型和布置

变电站规划建设应本着节约土地的原则、满足环境保护要求并与周边环境相协调。在用地紧张的区域,尽可能提高单位占地面积的变电容量,原则上采用全户内或者半户内布置。

变电站主变压器一般采用油浸、自冷或风冷、有载调压和低噪声变压器。110 kV 变电站采用户内 GIS 设备;10 kV 配电房采用户内中置式真空开关柜,受用地或空间限制时采用充气柜。

220 kV 变电站半户内式占地面积一般约为 1.0 ha(100 m×100 m),全户内式占地面积 0.84 ha(120 m×70 m);110 kV 变电站全户内式占地面积 0.45 ha(90 m×50 m),半户内式 0.55 ha(100 m×55 m)。实际选址占地面积可结合城市规划要求,以集约利用为原则具体论证。

以上原则用于南京地区电网规划设计,其他地区可参考。

第三节　负荷预测

一、负荷预测思路

以城市总体规划、分区规划和控制性详细规划以及相关电网专项规划为基础,依据《城市电力规划规范》(GB/T 50293—2014)、《居住区供配电设施建设标准(DGJ32/TJ11—2016)》、《城市市政基础设施规划手册》的用电指标,对电网规划片区饱和负荷进行预测研究,作为决定电网远景总体建设规模和空间布局的依据。主要采用人均年用电量法、建设用地负荷密度指标法、建筑和地均负荷密度指标相结合法。负荷预测方法及依据如表 10-3 所列。

表 10-3　负荷预测方法及其主要依据

序　号	预测方法分类	主要依据
1	人均用电量法	主城饱和研究指标
2	建设用地负荷密度指标法	城市电力规划规范(GB/T 50293—2014)
3	建筑和地均负荷密度指标相结合法	主城饱和研究指标
4		居住区供配电设施建设标准(DGJ32/TJ 11—2016)
5		城市配电网规划设计规范(GB 50613—2010)

基于总体规划的规划人口发展规模,采用人均用电量法进行预测。

基于总体规划的建设用地发展规模,采用建设用地负荷密度指标法进行预测。

基于控制性详细规划的建设用地、容积率、建筑面积信息,采用建筑面积指标法与地均负荷密度法相结合的方法进行负荷预测。

二、负荷预测主要方法

1. 人均综合用电量法

根据年最大负荷计算公式见式(10-1),即

$$P_{max} = \frac{W_n}{T_m} \tag{10-1}$$

式中:

$P_{\max}$——年最大负荷，MW；

W_{n}——全社会年需用电量，kW/h；

T_{m}——年最大负荷利用小时数，h。

可知若要预测规划期远景年的负荷，需要先预测当年的全社会年需用电量和年最大负荷利用小时数这两个指标。

用人均综合用电量法求全社会年需用电量公式如式（10-2），即

$$W_{n}=VN_{n} \tag{10-2}$$

式中：

V——年人均综合用电量指标；

N_{n}——预测期末人口数。

根据调查的历年来全社会用电量和人口数，计算出历年年人均综合用电量，分析其变化，选用适当的年人均综合用电指标，用其乘以预测期末的人口数，从而得到规划期远景年的全社会年需用电量。

最大负荷利用小时数指标选取方式：

通过调查得出历年来全社会用电量和年最大负荷，计算出历年年最大利用小时数，分析其变化，选用适当的年最大负荷利用小时数指标。

2. 建设用地负荷密度指标法

负荷预测相关公式：

P 片区 A＝∑P 分区＝P 分区 1＋分区 2＋P 分区 3＋…＋P 分区 n；

P 分区＝P 居住用地＋P 公共设施用地＋P 工业用地＋P 仓储用地＋P 对外交通用地＋P 道路广场用地＋P 市政公用设施用地＋P 特殊用地＋P 预留用地＋……

其中：

P 居住用地＝占地面积×建设用地负荷密度用电指标

P 公共设施用地＝占地面积×建设用地负荷密度用电指标

P 工业用地＝占地面积×建设用地负荷密度用电指标

P（其他用地……）＝ 占地面积 ×建设用地负荷密度用电指标

$$\rho=\frac{P}{S} \tag{10-3}$$

式中：

S——面积，km^{2}；

P——负荷，万 kW；

ρ——负荷密度，万 kW/m^{2}。

3. 建筑和地均负荷密度指标相结合法

主城的居信用地、公共设施用地和工业用地采用建筑负荷密度用电指标，而仓储用地、对外交通用地、道路广场用地、市政公用设施用地、绿地、特殊用地和预留地等其他用地采用地均负荷密度用电指标。

负荷预测相关公式：

P 规划区 ＝∑P 分区＝P 分区 1＋P 分区 2＋P 分区 3＋…＋P 分区 n；

　　P 分区 ＝0.7×(P 居住用地＋ P 公共设施用地＋P 工业用地＋P 仓储用地＋P 对外交通用地＋ P 道路广场用地＋P 市政公用设施用地＋P 特殊用地＋P 预留用地＋……)

　　其中：

　　P 居住用地 ＝〔(占地面积×容积率)×建筑负荷密度用电指标〕×0.45

　　P 公共设施用地 ＝〔(占地面积×容积率)×建筑负荷密度用电指标〕×(0.5～0.8)

　　P 工业用地 ＝〔(占地面积×容积率)×建筑负荷密度用电指标〕×0.8

　　P(其他用地……)＝ 占地面积 ×用地负荷密度用电指标

　　建筑面积 ＝ 占地面积×容积率

　　负荷密度计算如公式(10‑3)所列。

三、工程实例

　　南京江北新区某片区 A,总面积约为 32.9 km²。规划区定位为服务江北新区以及苏北、皖北等区域的综合服务中心,以发展商务商贸、健康服务、科教研发、旅游休闲等高端服务功能为主。试对该区域进行负荷预测(规划年份 2018—2021 年)。

1. 人均综合用电量法

(1) 指标选取

　　① 人均综合用电量指标:根据资料,整个江北新区的人均综合用电量呈逐年增长态势,2007—2014 年期间平均增长率为 13.03%,其中,浦口地区平均增长率 7.51%,根据调研数据,采用线性拟合推演后,选取的预测目标年人均综合用电量指标为 13 785 kW·h/人·年。

　　市政规划在该片区地下开发另一个维度的城市空间,地下空间约占规划区用地面积的 6.6%。因此,将人均用电量指标上升 6.6%,13 785 kW·h/人·年×1.066＝14 695 kW·h/人·年。

　　2015 年以来大力发展电动汽车产业,未来将逐步实现一车一充。

　　据调查,至 2017 年,美国千人汽车保有量为 797 台,意大利 679 台,加拿大 662 台,日本 591 台,法国 578 台,德国 572 台,英国 519 台,韩国 459 台,我国千人汽车保有量为 140 台,低于世界平均水平 158 台,可见世界主要发达国家千人汽车保有量约在 600 台左右。现考虑江北新区片区 A 至规划末年,将发展至与欧洲、日本相类似水平,即千人汽车保有量约为 600 台,均为电动汽车,则江北新区片区 A 中,40 万人口可拥有电动汽车 24 万台。

　　一般电动车分为乘用车和商用车两种,乘用车即一般的小汽车,具体一点可分为私家车、公务车、出租车,商用车可以分为客车(例如公交车)和专用车(例如洒水车、环卫车、邮政车等)。据调查,现今充电汽车(小型)若使用 60 kW 快充桩充电,30 min～1 h 可充满,充满后可行驶 150～200 km;按照中间值来取,即 45 min(0.75 h)充电可行驶 180 km。一般私家车一年行驶 $1×10^4$～$2×10^4$ km,出租车行驶 $10×10^4$～$20×10^4$ km,公务车和专用车行驶 $1.5×10^4$～$2×10^4$ km,公交车行驶 $5×10^4$～$10×10^4$ km,综合考虑所有车的平均里程数约为每年 $3×10^4$ km,则人均汽车充电用电量约为:

$$\frac{9.8\,万×\dfrac{30\ 000\ \text{km}}{180\ \text{km}}×60\ \text{kW}×0.75\ \text{h}}{19.6\,万人}=3\ 750\ \text{kW·h/人·年}$$

　　因此,考虑该片区的地理位置、发展定位、产业结构、新型负荷等因素,结合江北新区的参考指标,该片区预测目标年人均综合用电量指标选取 14 695 kW·h/人·年＋4 500 kW·h/人·年＝19 195 kW·h/人·年。

② 最大用电负荷利用小时数:根据资料,整个江北新区的最大负荷利用小时数基本在 6 000～8 000 h 范围内波动,受当年受经济、社会影响,波动较大。浦口地区 4 500～5 000 h,城市用电负荷特征明显。鉴于江北新区片区 A 的地理位置、发展定位、产业结构等因素,最大负荷利用小时数应较整个江北地区小,即小于 4 500 h。该片区预测目标年最大负荷利用小时数指标选取 4 200 h。

(2) 预测结果

结合江北新区片区 A 最新城市规划的发展规模,选用适用的用电负荷指标进行负荷预测如下:

表 10 - 4　基于人均电量的负荷预测结果

负荷预测指标	最大用电负荷	常规负荷	充电桩负荷
规划人口/(万人)		19.6	
人均综合用电量/(kW·h/人·年)	17 535	13 785	3 750
全社会用电量预测/($\times 10^8$ kW·h)	34.368 6	27.018 6	7.35
最大用电负荷小时数/(小时)		4 200	
最大用电负荷/($\times 10^4$ kW)	81.83	64.33	17.5

采用人均用电量法,南京江北新区片区 A 预测最大用电负荷为 81.83 万 kW,其中常规负荷为 64.33 万 kW,充电桩负荷为 17.5 万 kW。

2. 建设用地负荷密度指标法

(1) 指标选取

依据《城市电力规划规范》(GB/T 50293—2014),参考相关文献,结合地区发展定位及方向,本规划选取的各类用户单位建设用地用电指标如表 10 - 5 所列。

表 10 - 5　各类用户单位建设用地负荷指标选取表

序　号	用地名称	用地代码	用地负荷密度用电指标/(kW·h^{-1})	本次预测选取的负荷密度用电指标/(kW·h^{-1})
1	居住用地	R	100～400	400
2	商业服务设施用地	B	400～1 200	1200
3	公共管理和公共服务设施用地	A	300～800	800
4	工业用地	M	200～800	800
5	物流仓储用地	W	20～40	40
6	道路与交通设施用地	S	15～30	30
7	公用设施用地	U	150～250	250
8	绿地和广场用地	G	10～30	30
9	特殊用地	D		150
10	预留地	K		150

(2) 预测结果

结合江北新区片区 A 最新城市规划的发展规模,选用适当的用电负荷指标进行负荷预测如表 10 - 6 所列。

表 10 - 6　建设用地负荷密度法预测表

地 块	常规负荷	充电负荷	总负荷
A1 单元	238 002.641 4	61 572.3	299 574.941
A2 单元	448 721.865 6	115 004.8	563 725.666
A 单元	686 724.506 9	176 576.1	863 300.607

由表 10 - 6 可知,采用建设用地负荷密度法预测,南京江北新区片区 A 预测最大用电负荷为 86.33 万 kW。

3. 建筑和地均负荷密度指标相结合法

(1) 指标选取

① 容积率:主城的居住用地、公共设施用地和工业用地采用建筑负荷密度用电指标,而仓储用地、对外交通用地、道路广场用地、市政公用设施用地、绿地、特殊用地和预留地等其他用地采用地均负荷密度用电指标。

根据城市规划中的高度控制要求,结合部分地区管理单元执行细则地块规划控制指标,确定分区地块容积率,测算综合容积率。

② 建筑面积:根据规划区各地块容积率指标,汇总各种类的各地块建筑面积,最后得到各大类用地的建筑面积。

③ 同时系数:根据《居住区供配电设施建设标准》(DGJ32/TJ11—2016),单个居住区内部同时系数按 0.5 考虑,各居住区之间则可按 0.9,所以居住区的同时率 $S = 0.5 \times 0.9 = 0.45$。单个公共设施用地内部同时系数按 1 考虑,商业设施用地之间则按 0.65~0.8 考虑,所以商业行业内同时率为 $S = 1 \times (0.65 \sim 0.8) = 0.65 \sim 0.8$;文化、教育、医疗、行政设施用地之间则按 0.5~0.6 考虑,所以文卫行业内的同时率为 $S = 1 \times (0.5 \sim 0.6) = 0.5 \sim 0.6$。而工业用地同时率可选 0.8。各分区之间综合用电同时系数取 0.7。

④ 负荷密度用电指标:根据南京市用电现状,依据《城市电力规划规范》(GB/T 50293—2014)、《居住区供配电设施建设标准》(DGJ32/TJ11—2016),并结合南京主城地区的相关规划,考虑江水源热泵对空调负荷的削减,确定指标如表 10 - 7 所列。

表 10 - 7　各类用户单位建筑面积负荷指标选取表

用地代码		用地名称	负荷指标/ $(\text{W} \cdot \text{m}^{-2})$	配置系数	规划负荷指标/ $(\text{W} \cdot \text{m}^{-2})$
大 类	小 类				
R		居住用地	30~70	—	—
	R2	二类居住	70	0.45	30
	R21	二类住宅	70	0.45	30
	Rb	商住混合	100	0.6	60
	Rc	基层社区中心	60	0.5	30
	Rax	幼 托	60	0.75	45

用地代码		用地名称	负荷指标/ （W·m^{-2}）	配置系数	规划负荷指标/（W·m^{-2}）
大　类	小　类				
B		商业用地	40～150	—	—
	Bb	商办混合	120	0.67	80
	B29a	科研设计	100	0.6	60
	B1	商　业	150	0.8	120
	B11	零售商业	150	0.8	120
	B12	批发市场	150	0.8	120
	B13	餐　饮	150	0.8	120
	B14	旅　馆	150	0.8	120
	B2	商　务	120	0.67	80
	B21	金融保险	120	0.67	80
	B3	娱乐康体	120	0.67	80
	B31	娱　乐	120	0.67	80
	B41	加油加气站	15	1	15
A		文化、教育、医疗、行政用地	40～150		
	Aa	居住社区中心	100	0.5	50
	A1	行政办公	100	0.5	50
	A2	文化设施	100	0.5	50
	A3	教育科研	100	0.5	50
	A31	高等院校	100	0.5	50
	A32	中等专业学校	90	0.5	45
	A33	中小学	50	0.5	25
	A33a	小　学	50	0.5	25
	A33b	初　中	50	0.5	25
	A33c	高　中	70	0.5	35
	A33d	九年一贯制学校	50	0.5	25
	A4	体　育	60	0.5	30
	A51	医　院	100	0.6	60
	A51b	社区医院	100	0.6	60
	A51c	专科医院	100	0.6	60
	A7	文物古迹	50	0.5	25

用地代码		用地名称	负荷指标/ (W・m⁻²)	配置系数	规划负荷指标/(W・m⁻²)
大类	小类				
S		道路与交通设施用地	2~5		
	S9	其他交通设施	3	1	3
	S41	公共交通场站	3	1	3
	S42	社会停车场	3	1	3
U		公用设施用地	15~25		
	U9	其他公共设施	15	1	15
	U11	供　水	15	1	15
	U12	供　电	15	1	15
	U13	供燃气	15	1	15
	U14	供　热	15	1	15
	U21	排　水	15	1	15
	U22	环　卫	15	1	15
	U31	消　防	15	1	15
G		绿地与广场用地	1~3		
	G1a	综合公园	1	1	1
	G1c	街旁绿地	1	1	1
	G2	防护绿地	1	1	1
	G3	广　场	2	1	2
H		特殊用地			
	H22	公路设施	3	1	1
	H41	军　事	80	0.5	40

② 预测结果：结合江北新区片区 A 最新城市规划的发展规模，选用适用的用电负荷指标进行负荷预测如表 10-8 所列。

表 10-8　基于建筑和地均负荷密度相结合法的负荷预测结果

	常规负荷/kW	充电负荷/kW	总负荷/kW
A1 单元	331 643.514 2	86 623.04	418 266.554 2
A2 单元	442 240.366 3	120 663.76	562 904.126 3
A 单元	773 883.880 5	207 286.8	981 170.680 5
	地块之间取同时系数 0.95		
	735 189.686 5	196 922.46	932 112.146 5

由表可知，采用建筑和地均负荷密度相结合法预测，南京江北新区片区 A 预测最大用电负荷为 93.21×10^4 kW，常规负荷为 73.52×10^4 kW，充电负荷为 19.69×10^4 kW。

4. 负荷预测结论

综合上述三种预测方法的预测结果如表 10-9 所列。

表 10-9　三种负荷预测方法汇总表

预测方法	最大用电负荷/$\times 10^4$ kW	特殊点负荷/$\times 10^4$ kW	总用电负荷/$\times 10^4$ kW	分　析
人均综合用电量法	81.83		91.33	低方案
建设用地负荷密度法	86.33	9.5	95.83	中方案
建筑和地均负荷密度相结合法	93.21		102.71	高方案
平均值	87.12		96.62	

其中,人均综合用电量法侧重对整体的考量,与用地规划方面协调度不高;建设用地负荷密度法是根据不同地区各类用地性质分别进行预测,与城市发展贴合程度较好,但是本规划区域科研设计和商办较多,容积率相差较大,对于各地块开发强度相差较大的规划区来说,统一的建设用地负荷密度取值不够准确;建筑和地均负荷密度相结合法,根据不同地区各类用地性质、容积率、同时率等因素分别进行预测,不仅城市发展贴合程度较好,预测也更细致,但是其同时率的取值,包括单个建筑内部同时系数、同属性建筑之间的同时系数和各分区之间综合用电同时系数的取值均凭借经验,其准确度未有规范证明。

因此,综合考虑各预测方法的特性,采用平均值法计算最大负荷。即江北新区片区 A 最大用电负荷约为 96.62 万 kW。

第四节　电网规划相关问题分析

一、短路电流问题

随着电网建设的发展,在不断增强电网供电能力的同时,也给电网带来负面影响。电网短路电流的急剧增加,是目前制约电网发展和运行的主要问题之一。

1. 影响电网短路电流的主要因素

电网规模逐渐扩大,影响短路电流的主要因素有以下几点:

① 电源布局及其地理位置,特别是大容量发电厂及发电厂群距受端系统或负荷中心的电气距离。

② 发电厂的规模、单机容量、接入系统电压等级及主接线方式。

③ 电力网结构的紧密程度及不同电压电力网的耦合程度。

④ 接至枢纽变电站的发电和变电容量,其中性点接地数量和方式对单相短路电流水平影响较大。

⑤ 电力系统间的互联方式。

2. 限制短路电流的措施

目前,国内外电力系统主要从电网结构、运行方式和限流设备三方面着手限制短路电流。限制短路电流的措施主要包括:

①　提升电压等级,将下一级电网分层分区运行。把原电压等级的网络分成若干区,以辐射形式接入更高一级的电网,原有电压等级电网的短路电流将随之降低。例如,在1 000 kV特高压交流电网发展的基础上,逐渐解开省间500 kV联络通道,依托特高压变电站实现500 kV电网分区运行是限制短路电流的有效方法。

②　改变电网结构。通过改变电网结构,如变电站采用母线分段运行、开断运行线路等措施,可以增大系统阻抗,有效降低短路电流水平。该措施实施方便,但削弱了系统的电气联系,降低了系统安全裕度和运行灵活性,同时有可能引起母线负荷分配不均衡。

③　加装变压器中性点小电抗接地。加装的中性点小电抗对于减轻三相短路故障的短路电流无效,但对于限制短路电流的零序分量有明显的效果。在变压器中性点加装小电抗施工便利,投资较小,因此在单相短路电流过大而三相短路电流相对较小的场合很有效。但中性点小电抗仅对降低电网局部区域单相短路电流的作用较大。

④　采用高阻抗变压器和发电机。加大发电机阻抗会增大正常情况下发电机自身的相角差,对系统静态稳定不利;漏磁增加,故障初期过渡电阻增加,与此同时因转动惯量减小更进一步使动态稳定性下降。采用高阻抗的变压器会增加无功损耗和电压降落。因此在选择是否采用高阻抗变压器和发电机的时候,需要综合考虑系统的短路电流、稳定和经济等多个方面。

⑤　加装电抗器。可在变电站母线分段或在变电站出线时加装电抗器,控制短路电流水平。

当母线任一分段短路时,其他段上由发电机或系统提供的短路电流都受到电抗器的限制。出线上装设电抗器对本线路的限流作用,比母线电抗器要大得多。特别是采用电缆出线时,电缆的电抗很小,而出线断路器和电缆的额定电流远比发电机的电流小得多,不能承受这样大的短路电流。

⑥　采用直流背靠背技术。短路电流含无功电流分量,而直流输电只输送有功功率不输送无功功率。对已有的交流系统,若通过直流系统将交流系统适当分片,即选择在同一地点装设整流、逆变装置,将两套装置连接起来而不务须架设直流输电线路,可以很好限制短路电流水平。

⑦　提高断路器的遮断容量。随着短路电流水平的提升,可更换高遮断容量的断路器。要提高断路器的遮断容量,则设备的造价高,在此需要对相关变电设备进行改造。

以上技术手段,例如:采用高阻抗变压器;有针对性地进行局部地区的电网运行方式的调整、实施特殊运行方式、分层分区运行等。这些措施虽有一定的效果,但只能暂时地、有限度地降低电网的短路电流,并以牺牲电网供电的灵活性、可靠性为代价,不能从根本上解决问题,也可以尝试从电源的角度限制短路电流。

⑧　从电源的角度限制短路电流:

1)大电源接入系统电压等级

电源接入系统的电压等级对短路电流有直接的影响,接入电压等级越高,造成的短路电流越小。

根据《电力系统技术导则》:"一定规模的电厂或机组应直接接入相应一级的电压电网。在负荷中心建设的主力电厂宜直接接入相应的高压主网。单机容量为500 MW及以上的机组一般宜直接接入500 kV电压电网。"

《电力系统安全稳定导则》(GB 38755—2019)规定:"在经济合理与建设条件可行的前提下,应注意在受端系统内建设一些容量较大的主力电厂,主力电厂宜直接接入最高一级电压电网。

2）大电源接入系统方式

《电力系统技术导则》第二十五条规定："为简化电网结构,提高系统安全稳定水平,节约投资,主力电厂应研究不设高压母线,采用发电机变压器线路的单元方式直接接入枢纽变电所"。

虽然有上述规定,但单元制按线路变压器组接入系统的方式并不普遍。大多数电厂建有升压站并设有高压母线,出线基本按照"N-1"的原则配置,即任一条线路故障跳闸后其余线路保证全厂功率的安全送出。线路变压器组接入系统方式不仅仅可以简化电网结构,提高系统的安全稳定水平,节约投资,实际上这种接线方式对降低短路电流也有作用,如果发电厂发电机组数较多,改善更为明显。

3）大电源接入点的选择

出于经济性的考虑,电源一般都是就近接入,但是随着电网的发展,短路电流问题的日趋严重,可根据系统短路电流的特点引导发电企业把电源接入合适的地点,适当的增加电气距离来限制短路电流。

基于电源的角度对短路电流进线限制,显而易见将影响到电源的经济利益,但是控制短路电流是一项涉及面广的复杂系统工程,短路电流问题不解决,电网灵活性不够、可靠性不高,最终也会影响电源的利益,因此,这个问题需要站在全局的角度,需要电网与发电企业共同努力,去解决面对。

二、电源建设

1. 受端系统

受端系统是指电源远离负荷中心,负荷中心因环保等限制条件,用较密集的电力网络和这些电源连接在一起,通过接收外部及远方电源输入的有功电力和电能,实现电的供需平衡。

随着用电负荷的增加,在电网建设没有同步发展的情况下,区域间远距离输电线路输送容量不断增大,空调负荷、感应电动机等负荷比例的增加,受端电网对外来电力的依赖程度不断提高,受端电网电压稳定问题日益突出。

《电力系统安全稳定导则》(GB 38755—2019)中提出："系统应有足够的备用容量。备用容量应该分配合理,并有必要的调节手段",而足够的系统备用容量是应对电网突发事故、防范大面积停电的物质保证。只有加强本地支撑电源的建设,合理控制受电比例,留有充足的备用容量,才能提高电网的抗风险能力。

对于受端电网,应积极争取并消纳市外来电,缓解供电紧张的矛盾,又要考虑到受端电网的供电可靠性,加强本地电源建设。受端网络,紧缺的是支撑电源,以提供事故情况下的有功支持、无功支持(尤其是无功支持),提高系统的暂态电压水平。

2. 电源和电网应统一规划

在厂网分开的大背景下,电源和电网统一规划越来越重要,国内外停电事故说明,电网故障必然会波及电源,只有电源、电网统一规划,才有可能合理安排送电线路,从全局范围内确保潮流的合理性和可靠性,也才能根据电力需求合理消化现有电力,确保整个电力系统的安全性;电源建设项目的规划论证中,电网起主导作用,需要全面分析论证新上的电源点对于全网稳定运行的影响;电源应该分散接入受端系统,尽量保证各个 220 kV 分区电网中接入足够容量的电厂,控制各个分区电网的受电比例。

三、无功问题

1. 加强动态无功支撑

由于能源、环保及土地资源的制约,中心负荷区电厂越来越少,区外输电比例越来越大;南京电网中目前没有安装动态无功补偿设备,动态无功支撑日益不足,而无功是不能靠远距离传送的。另一方面,电网中并网电容器数量巨大,在电压降低时发出的无功成平方关系下降,导致恶化系统的电压。南京电网 220 kV 电网分层分区运行,各分区电网的电压支撑能力和联络能力进一步减弱。随着用电负荷和受电比率(已达总用电负荷的 35% 以上)的不断增长,电网内缺乏动态无功电源支撑日趋明显。

无功电源的合理配置,对电力系统的安全稳定运行有重大影响。尤其是在受进电力比例较大的负荷中心,由于电网参数和负荷特性的非线性,在发生系统大干扰后,无功需求可能激增。因此必须有足够的动态无功调节储备,保证在系统发生大的扰动后有足够的无功发出,才能有效支撑电网枢纽节点的电压恢复,避免因为电压恢复困难而引起系统电压缓慢或快速崩溃。

因此,电网规划既要考虑有功功率的平衡,还要充分考虑受端电网的电压支撑,保证其在系统故障情况下有充分的动态无功供给,改变原来无功规划中静态无功平衡、动态无功基本不涉及的思路。

直流输电与发电机不同,它只提供有功功率,因此应该考虑在其落点附近配置足够的动态无功电源,包括发电机、SVC、STATCOM 等;提高南京地区新建机组的额定功率因数,以便其在故障时可以提供更多的动态无功支持;在发电厂较少的重负荷地区装设安全动态无功电源,如 SVC、STATCOM 等。平时尽量优先使用并联电容器的无功,而将发电机、调相机、SVC、STATCOM 等无功功率尽量限制在不太高的水平,发电机和调相机适当低励运行,为可能的故障留有足够多的动态无功储备。在正常运行中尽量靠补偿设备来满足负荷所需无功电力,这样电网一旦发生故障就可以快速输出大量的备用无功,使之在各种可能故障切除后,不发生暂态电压不稳定。因为一旦发生电压大幅度下降,许多自动化设备的整定原则,已经把保护本地自身装置作为第一原则,这样势必导致系统全局稳定的下降。根据了解,2006 年上海负荷中心黄渡分区内 220 kV 西郊变电站建成 ±50 MVar STATCOM 装置,同年 4 月通过国网公司验收。

2. 无功控制

(1) 重视无功功率的调整和调度

以往对有功潮流的控制比较关注,而对系统无功的调整没有一个比较量化的概念,对无功潮流基本上没有关注。当电网无功负荷及电压变化较大时,只能被动地参与调整,调整的手段主要是督促相关发电厂和变电站调整其无功容量,但对于厂站调整的大小并没有数量上的掌握。区域互联及网间联络线的无功潮流应得到重视,特别是在冬季无功小负荷时,控制好联络线的无功潮流对于电网的电压稳定至关重要。

(2) 加强对超高压电网的无功功率调度

超高压电网中,因为这种电网的电压高、送电距离长、线路的充电无功很大,以 500 kV 超高压输电线路为例,根据资料,每百千米的充电功率是 100 MVar,当双回线中一回断开时,其功率转移到另一回线上线路无功损耗增加 1 倍(因电抗增加 1 倍),同时还损失了断开线路的充电功率,这可能使受端电网因突然失去大量容性无功功率使电压急剧降低,并有可能造成电压崩溃。

(3) 大用户无功负荷的不可控因素应得到改进

一方面一些大的无功负荷用户大量地吸收系统的无功,造成高负荷期间负荷中心部分地区电压过低;另一方面用户部分的电容器也是不可控的,一些地区用户电容器补偿容量较大,造成了这些地区低谷时段的高电压。

四、统一规划管理继电保护和安全自动装置

厂网分开后,电网运营商和发电商甚至电网用户侧均是各自规划、设计和建设继电保护和安全自动装置,缺乏全局性的考虑,没能统一安装、统一管理、统一配置和整定。

比如,目前发电机保护整定值各个发电厂各自为政,厂用电方面甚至还没有全国统一的标准。发电厂大机组与系统有关的保护如失步、失磁保护和低频、低压保护等的管理工作还较薄弱,甚至一些电厂虽然按照电网要求装设了这些保护装置,但是实际运行时并未启用。随着厂网分开,应该加强对发电厂与电网安全有关部分的保护和自动装置的监管、加强与发电厂之间的必要信息沟通。

220 kV 线路,尤其对侧为用户变电站的,均须配置快速保护,或虽然配置但没有启用的变电站进行整改,配置并启用全线速动快速保护,发生故障时第一时间切除,确保电网安全稳定。

加强发电厂大机组与系统有关的保护如失步、失磁保护和低频、低压保护等的审核和管理。保证其原理、配置满足系统要求;同时加强失步、失磁保护和低频、低压保护等的定值管理,确保电厂与系统相关的保护能与电网保护和安全稳定装置正确配合。

对于安全自动装置的配置,目前主要是基于就地信息采集,切断故障,从点的角度保护设备并没有统一规划以构成系统,从全局来保护系统的稳定。低频减载和低压减载装置是把双刃剑,它可以减少事故,如果配置不合理,在事故过程中会发生过多的解列也可以使系统最终崩溃。因此,需要对电网进行深入而全面的系统计算分析、研究,需要认真校核低频减载和低压减载装置的配置容量是否足够,整定值是否合理等。

五、重视低电压切负荷装置的配置

电压崩溃最根本的原因是无功不足,通过切负荷来保持系统电压稳定性是最直接有效的方法。

空调、感应电动机等负荷在电压降低时无功消耗增加,导致电网无功功率缺额增大与电压进一步下降的恶性循环,最终可能导致配电网系统崩溃,从而造成大面积停电事故。在电压降低后延时切除负荷将大大优于当感应电动机在电压进一步下降时自行停转,有利于防止电压崩溃。有必要将低电压切负荷装置的安装放在建立系统防线的高度进行研究,扩大安装的范围。

参 考 文 献

[1] 电力工业部电力规划设计总院.电力系统设计手册.北京:中国电力出版社,1998.

[2] 水利电力部西北电力设计院.电力工程电气设计手册(电气一次部分).北京:中国电力出版社,2005.

[3] 能源部西北电力设计院.电力工程电气设计手册(电气二次部分).北京:中国电力出版社,2005.

[4] 谭永才.电力系统规划设计技术.北京:中国电力出版社,2012.

[5] 中国电力科学研究院.电力系统分析综合程序 7.0 版用户手册.[S. l. :s. n.]2010.

[6] 国网北京经济技术研究院.电网规划设计手册.北京:中国电力出版社,2015.

[7] GB 38755—2019 电力系统安全稳定导则.

[8] DL/T 5429—2009 电力系统设计技术规程.

[9] 杨明,等.基于 PSASP 的电力系统潮流计算分析.电子测试,2016.

[10] 江苏省电力公司电力科学研究院规划评审中心.2013—2017(2020)年宁镇常(宜)220 kV 电网发展规划研究报告.2011.

[11] 江苏省电力公司电力经济技术研究院规划评审中心.2015—2020 年宁镇常 220 kV 电网发展规划研究报告.2013.

[12] 国网江苏省电力公司经济技术研究院.2021—2025(2035)年南京市 220 kV 电网发展规划研究报告.2018.

[13] GB 50227—2017 并联电容器装置设计规范.

[14] DL/T 1773—2017 电力系统电压和无功电力技术导则.

[15] DL/T 1057—2007 自动跟踪补偿消弧装置技术条件.

[16] 陈鑫.基于 PSASP 的地区电网安全稳定性分析.陕西理工大学硕士学位论文,2018.

[17] 靖石虎,李颖峰,郭双权.基于 PSASP 的电网潮流与稳定性计算分析.电气开关,2018. No. 2.

[18] 朱英杰.企业小电厂并网相关问题的分析及措施.2009 年江苏省城市供用电专业学术年会论文集.

[19] 周兴德.基于 PSASP7.1 的单机-无穷大电力系统暂态稳定仿真.电力信息,2014.

[20] 朱英杰,等.加强电网规划,防止大规模停电.2015 年江苏省城市供用电学术年会论文集.2015.

[21] 安宁,周双喜,朱凌志,等.负荷特性对江苏电网电压稳定性影响的仿真分析.中国电力,2006,39(8).

[22] 黄文英,方朝雄,李可文.福建电网在线负荷综合建模系统.福建省电机工程学会第七届学术年会.2007.

[23] 南京电力设计研究院有限公司.南京江北新区中心区片区电网专项规划修编,可行性研究报告.2018.